U0318948

磨浮及脱水实用技术

周华荣　编著
张永利　主审
华金仓　罗仙平　孙洪林　审核

北　京
冶　金　工　业　出　版　社
2023

内 容 提 要

本书共6章，主要内容包括磨浮与脱水作业在选矿中的重要性，磨矿作业、浮选作业、脱水作业相关的理论知识，尾矿库的建设、分类等基础知识及尾矿库安全管理技术要点，并介绍了西部矿业的选矿生产实例。

本书可供矿山企业工人、技师及选矿专业技术人员、管理人员等阅读。

图书在版编目(CIP)数据

磨浮及脱水实用技术/周华荣编著.—北京：冶金工业出版社，2023.9

ISBN 978-7-5024-9614-2

Ⅰ.①磨…　Ⅱ.①周…　Ⅲ.①熔炼　②选矿—后处理—脱水　Ⅳ.①TF111　②TD926.2

中国国家版本馆CIP数据核字(2023)第160063号

磨浮及脱水实用技术

出版发行	冶金工业出版社	**电　话**	(010)64027926
地　址	北京市东城区嵩祝院北巷39号	**邮　编**	100009
网　址	www.mip1953.com	**电子信箱**	service@mip1953.com

责任编辑　王梦梦　美术编辑　吕欣童　版式设计　郑小利

责任校对　葛新霞　责任印制　禹　蕊

北京捷迅佳彩印刷有限公司印刷

2023年9月第1版，2023年9月第1次印刷

710mm×1000mm　1/16；10.75印张；210千字；164页

定价99.00元

投稿电话　(010)64027932　投稿信箱　tougao@cnmip.com.cn

营销中心电话　(010)64044283

冶金工业出版社天猫旗舰店　yjgycbs.tmall.com

(本书如有印装质量问题，本社营销中心负责退换)

前　　言

磨矿、浮选与脱水作业是选矿的关键环节，选矿厂的技术经济指标好坏，与磨矿、浮选及脱水作业设备的工艺参数、运行效率、操作管理、维护保养，以及浮选药剂制度等密不可分。

本书以培养具有较高选矿职业素质和较强职业技能、适应选矿厂生产及管理需要的高级技术应用型人才为目标，内容编写上贯彻理论与实际相结合的原则，以加快对技术工人和技师的培养，使专业毕业生进入快速成长期，为管理人员在选矿生产中降本增效提供思路。

本书由周华荣编撰，由张永利、华金仓、罗仙平和孙洪林进行审核。书中不仅介绍了磨浮与脱水作业在选矿中的重要性，磨矿作业、浮选作业、脱水作业相关的理论知识，尾矿库的建设、分类等基础知识及尾矿库安全管理技术要点，还介绍了西部矿业集团的选矿现场生产实例。

本书可供矿山企业工人、技师及选矿专业技术人员、管理人员等阅读。

本书在编撰过程中引用了大量的文献资料，谨向文献资料作者致以诚挚的谢意！

由于编者水平有限，书中不足之处，恳请专家学者批评指正。

编　者

2023 年 4 月

目　　录

1 绪　　论

由矿山开采出来的矿石，除少数富含有用矿物的富矿外，绝大多数是含有大量脉石矿物的贫矿。对冶金工业来说，这些贫矿由于有用成分含量低，矿物组成复杂，若直接用来冶炼提取金属，则能耗大、生产成本高。为了更经济地开发和利用低品位矿石，扩大矿物原料的来源，在冶炼之前必须对低品位矿石进行分选或富集，以抛弃绝大部分脉石矿物，使有用矿物的含量达到冶炼的要求。

选矿过程中有两个最基本的工序：一是解离，就是将大块矿石进行破碎和磨细，使各种有用矿物从矿石中解离出来；二是分选，就是将已解离出来的有用矿物按其物理化学性质差异分选为不同的产品。由于自然界中绝大多数有用矿物都与脉石矿物紧密共生在一起，且常呈微细粒嵌布，如果不首先使各种矿物或成分彼此分离，即使其物理化学性质差异再大，也无法进行分选。

磨浮与脱水作业，即磨矿作业、浮选作业和脱水作业，其在选矿中的重要性如下。

磨矿作业的重要性如下。

让有用矿物和脉石矿物充分解离，是采用任何选别方法的先决条件，而碎矿与磨矿的目的是使矿石中紧密共生的有用矿物和脉石矿物充分地解离。所以，选矿厂中碎矿和磨矿的基本任务就是要为选别作业制备好解离充分且过粉碎较轻的入选物料，而且这种物料的粒度要适合于所采用的选别方法。若粉碎作业的工艺和设备选择不当、生产操作管理水平不高，则粉碎的最终产物会出现解离不充分或过粉碎的情况，这都将影响整个选矿厂的技术经济指标。

在选矿厂中，碎矿和磨矿作业的设备投资、生产费用、电能消耗和钢材消耗往往所占的比例最大，故碎矿和磨矿设备的选择及操作管理在很大程度上决定着选矿厂的技术经济指标，每个选矿工作者都必须认真对待碎矿和磨矿作业所用的设备，尽可能降低碎矿和磨矿的成本。

浮选作业的重要性如下。

浮游选矿简称“浮选”，是一门分选矿物的技术，是一种主要的选矿方法。其主要原理是利用矿物表面物理化学性质的差异使矿石中一种或一组矿物有选择性地附着于气泡上，并升浮至矿浆液面，从而将有用矿物与脉石矿物分离。

浮选是在气、液、固三相体系中完成的复杂的物理化学过程，其实质是疏水的有用矿物黏附在气泡表面上浮，亲水的脉石矿物则留在矿浆中，从而实现彼此的分离。浮选是在浮选机中连续完成的，具体可分以下四个阶段：

（1）原料准备。浮选前的原料准备包括磨矿、调浆、加药、搅拌等。磨矿的主要目的是使绝大部分有用矿物从矿石中单体解离，另一目的是使气泡能载负矿粒上浮，因此磨矿细度必须达到一定要求，一般磨矿细度要求小于0.074mm（-200目）。调浆的目的是把原料配制成适宜浓度的矿浆。加药的目的是在配制好的矿浆中加入各种浮选药剂，以提高有用矿物与脉石矿物表面可浮性的差异。搅拌的目的是使浮选药剂与矿粒表面充分作用。

（2）搅拌充气。可以依靠浮选机的搅拌充气器进行搅拌并吸入空气，也可以设置专门的压气装置将空气压入。其目的是使矿浆中的矿粒呈悬浮状态，同时产生大量尺寸适宜且较稳定的气泡，从而增加矿粒与气泡接触碰撞的机会。

（3）气泡的矿化。经与浮选药剂作用后，表面疏水性矿物能附着在气泡上，逐渐升浮至矿浆液面而形成矿化泡沫；表面亲水性矿物不能附着于气泡而存留在矿浆中。这是浮选分离矿物最基本的行为。

（4）矿化泡沫的刮出。为保持连续生产，需要采用浮选机刮板及时刮出矿化泡沫，此产品称为“泡沫精矿”；而留在矿浆中随之排出的产品，称为“尾矿”。

磨矿系统可以为浮选提供合格的原料，选矿指标的好坏具体体现在浮选系统如何消除班差、系列差、指标波动大等因素的影响方面，除了必须进行及时的取样分析外，还应做到操作有规范、工作有程序、考核有标准、执行有力度。

脱水作业的重要性如下。

由湿法选矿得到的精矿产品都含有大量的水分，为了便于装运、降低运输费用及满足深加工的需要，在精矿出厂前，都必须把相当部分的水分离出来，使精矿含水率降低到国家标准的规定。因此对精矿产品进行固液分离是产品处理的一项基本任务，在选矿工艺中具有重要意义。

尾矿库的重要性体现在以下几方面：

（1）保护环境。选矿厂产生的尾矿不仅量大，颗粒细，且尾矿水中往往含有多种药剂，如不加处理，则必将成为矿山环境污染源。将尾矿妥善贮存在尾矿库内，可防止尾矿及尚未澄清的尾矿水外溢污染环境。尾矿是危险的矿山环境污染源，环境保护是我国一项基本国策，尾矿库又属安全设施，因此根据我国有关规定，尾矿库的环保和安全设施必须与主体工程同时设计、同时施工和同时生产。

（2）充分利用水资源。选矿厂生产是用水大户，通常每处理1t原矿需用水4~6t。这些水随尾矿排入尾矿库内，经过澄清和自然净化后，大部分的水可供选矿生产重复利用，起到平衡枯水季节供水不足的补给作用。一般回水利用率在70%~90%。

(3) 保护矿产资源。有些尾矿还含有大量有用矿物成分，甚至是稀有和贵重金属成分，由于种种因素，或在目前选矿技术尚未达到使其充分回收利用的情况下，将其暂时贮存于尾矿库中，可待将来再进行回收利用。

(4) 尾矿设施投资巨大。尾矿设施的基建投资一般占矿山建设总投资的10%以上，占选矿厂投资的20%左右，有的尾矿设施的基建投资几乎与选矿厂投资一样多，甚至超过选矿厂。尾矿设施的运行成本也较高，有些矿山尾矿设施运行成本占选矿厂生产成本的30%以上。为了减少运行费，有些矿山选矿厂厂址的选择取决于尾矿库的位置。近年来，由于征购土地和搬迁居民更加困难，建设尾矿设施的费用也会更高。可见尾矿设施在矿山建设中的地位是不同一般的。

(5) 尾矿库是矿山生产最大的危险源。尾矿库是一个具有高势能的人造泥石流危险源。在长达十多年甚至数十年的时间里，各种自然的和人为的不利因素威胁着它的安全。事实一再表明，尾矿库一旦失事，将给工农业生产及下游人民生命财产造成巨大的灾害和损失。

2 磨 矿 作 业

2.1 磨矿设备与磨矿理论

选矿指标（指精矿品位和金属回收率）在很大程度上取决于磨矿作业的操作。例如磨矿细度不够，各有用矿物之间未能充分单体解离，选矿指标固然不会好。但是，如果磨矿细度过高，产生的过粉碎微粒太多，形成过磨现象，也会使选矿指标下降。磨矿产品粒度的确定，取决于选矿方法、有用矿物的嵌布粒度及用户对产品的要求等，往往需要通过试验方法确定。

某矿山设计实验数据如下：磨矿细度为 -200 目（-0.074mm）含量（质量分数）为83%，铅浮选主品位为40%~42%、回收率为45%~50%。明显形成了过磨，造成了铅金属的流失。通过现场调整磨矿细度到 -200 目占70%~72%后，主品位达到55%、回收率在60%以上，说明过磨对金属的回收影响极大。

磨矿作业的动力消耗和金属消耗很大。选矿厂磨碎系统电耗为 6~30kW·h/t，占整个选矿厂电能消耗的30%~75%，有些厂高达85%。磨矿机衬板和磨矿介质（钢球）的消耗为 0.4~3.0kg/t。磨矿作业的运转费用（包括能耗和钢耗），占整个选矿厂生产费用的40%~60%，磨矿的设备费用占60%左右。

2.1.1 溢流型球磨机

溢流型球磨机的构造如图 2-1 所示，主要由筒体、端盖、主轴承、中空轴颈、传动齿轮和给矿器等部分组成。

筒体 1 用厚 15~36mm 的钢板焊接而成，在筒体的两端焊有铸钢制的法兰盘，用螺栓将端盖 2 和 3 与法兰盘连接在一起，二者须精密加工和配合，因为承载磨矿机重量的中空轴颈焊在端盖上。在筒体上开有 1 个或 2 个人孔，供检修和更换衬板用。筒体和端盖内部敷设有衬板 5。

端盖上的中空轴颈支承在主轴承 4 上。主轴承最常用的是滑动轴承，其直径很大，但长度很短。轴瓦用巴氏合金浇铸，与一般滑动轴承不同之处在于仅仅下半部有轴瓦。整个轴承除轴瓦用巴氏合金浇铸外，其余用铸铁制成。由于球磨机的跨度和载荷很大，轴承套圈易发生挠曲变形，而且制造和装配的误差也难以保证准确的同心度，因此主轴承制成自动调心的滑动轴承。为防止轴瓦转位过大而从轴承座中滑出，在轴承座与轴瓦的球面中央放一圆柱销钉。

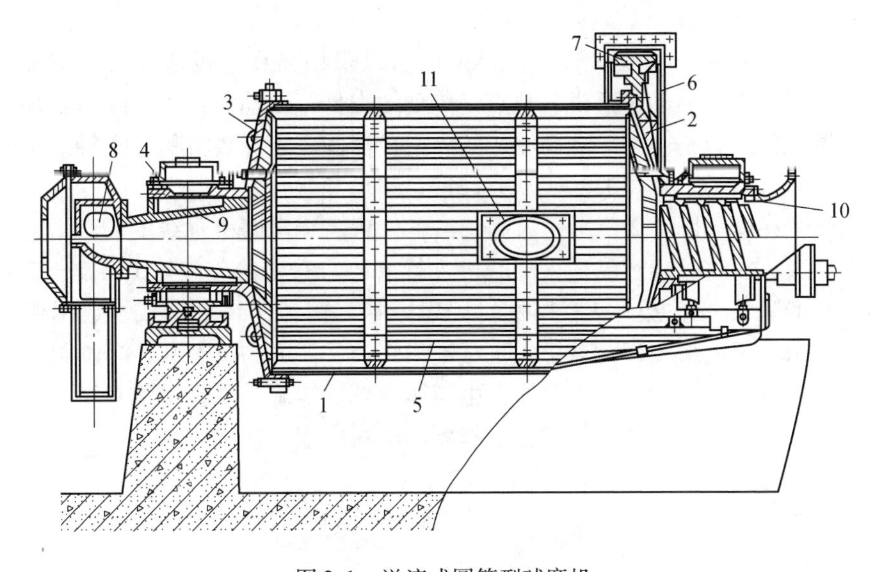

图 2-1 溢流式圆筒型球磨机

1—圆筒；2，3—端盖；4—主轴承；5—衬板；6—大齿轮；7—小齿轮；8—给矿器；9—锥形衬套；10—轴承衬套；11—检修孔

主轴承是球磨机的一个关键部件，必须充分重视其润滑。一般采用稀油集中循环润滑，油流经泵分4路压入主轴承和传动轴承中，然后排到轴承底部的排油管道，再流回油箱。对中、小型球磨机，则有采用油环自动润滑、油杯滴油润滑或者采用固体润滑剂润滑等方式。有的选厂设置有断油自动报警装置，以保证润滑的可靠性。

球磨机通过两端的中空轴支承在主轴承上，两个中空轴颈中，有一个可以在主轴承上轴向伸缩，另一个是固定的，一般选择靠近传动齿圈的轴颈为固定的中空轴颈。中空轴颈内装有锥形衬套9和轴承衬套10，中空轴颈与内套之间配合要求严密，并加以必要的密封。为了使球磨机内矿浆面有一定的倾斜度，排料端中空轴颈的内径稍大于给料端中空轴颈的内径。中空轴颈的内表面通常是平滑的表面或带有螺旋叶片，给矿端中空轴颈内的顺向螺旋叶片用以运输物料；排料端中空轴颈内的反向螺旋叶片可使粗粒物料返回和防止小球抛出。

传动大齿轮6固定于排矿端的筒体上，与小齿轮7啮合，电动机通过小齿轮和大齿轮带动筒体。球磨机的传动方式根据磨机规格不同有如下几种：

(1) 同步电机传动。大型球磨机采用低速同步电机直接带动球磨机的小齿轮，小齿轮再带动大齿轮使球磨机转动。优点是传动效率高、占地面积小、维修方便和改善电网的功率因数，缺点是同步电机售价较高，而且需直流电源。

(2) 异步电机齿轮减速器传动。大、中型球磨机采用异步电机传动，齿轮减速器带动小齿轮、大齿轮而驱动球磨机。优点是异步电机价格便宜，缺点是多用了一套大型减速器。

(3) 异步电机三角皮带传动。小型球磨机采用异步电机通过三角皮带带动小齿轮、大齿轮而驱动球磨机。缺点是传动效率低，占地面积大，维修复杂。

球磨机的给料是由给矿器 8 完成的。给矿器固定于球磨机的中空轴颈上并随中空轴颈一起转动。常用的给矿器有鼓形、蜗形和联合给矿器三种。

鼓形给矿器如图 2-2 所示，只用于给料位置高于球磨机轴线的场合。它一般用于开路磨矿，将破碎产品送入球磨机进行磨碎。它由给矿筒体 1、盖子 2 和带有扇形孔的隔板 3 组成，三者用螺钉固定连接。筒体由铸铁制成，或用钢板焊接，在内部有螺旋形隔板。盖子 2 是截锥形短筒，左方为进料孔。当物料由此给入后，经过隔板的扇形孔进入筒体，由筒体内部的螺旋形举板将物料举起，自右方送入球磨机的中空轴颈内。这种给料器的给料粒度可达 70mm。

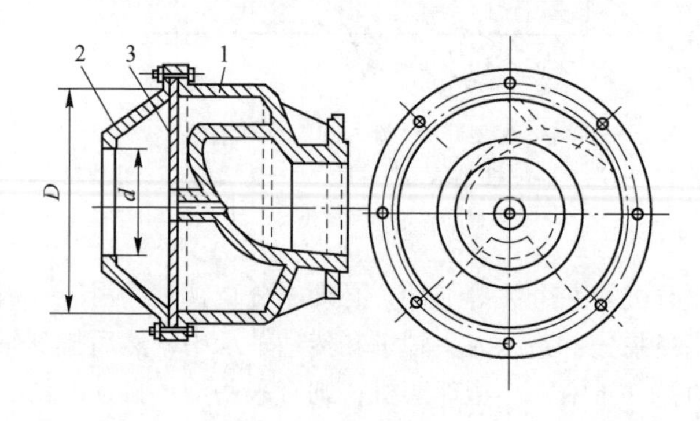

图 2-2　鼓形给矿器

1—给矿筒体；2—盖子；3—带扇形孔的隔板

蜗形给矿器是一个螺旋形的勺子，如图 2-3 所示。在随同球磨机一起转动时，从下方的矿槽中将矿石舀入勺内，由于勺子 1 呈螺旋形，转动时可以使物料沿勺子内壁逐渐向勺底滑动。勺底处的侧壁上有一个圆孔，恰好与球磨机的中空轴颈的孔对齐，矿石经侧壁孔和中空轴颈进入球磨机内。给矿器的外壳由钢板焊成，内部镶有衬板。在勺子末端装有可更换的勺头 2，勺头由高锰钢或合金铸铁制成。蜗式给矿器有单勺、双勺等形式，用于两段磨矿的第二段，它能将返砂从低于球磨机轴线的位置舀起来并提升送入球磨机。

联合给矿器是鼓形给矿器和蜗形给矿器的联合，如图 2-4 所示，筒体 1 和盖子 4 与鼓形给矿器相似，而勺子 2 和勺头 3 又与蜗形给矿器相似。粗粒给料可通过盖子 4 的孔直接由螺旋形隔板提升后进入中空轴颈，在返砂槽中的返砂由勺子舀起后经筒体内的螺旋形隔板送入中空轴颈。联合给矿器适用于闭路磨矿流程。

球磨机的筒体、端盖、中空轴颈等处都敷有衬板。筒体衬板除保护筒体外，还对磨矿介质的运动规律和磨矿效率有影响。当衬板较平滑时，对磨矿介质的提

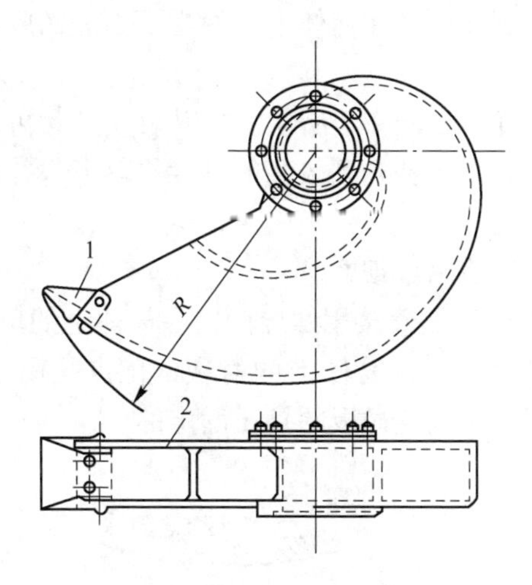

图 2-3 蜗形给矿器
1—勺子；2—勺头

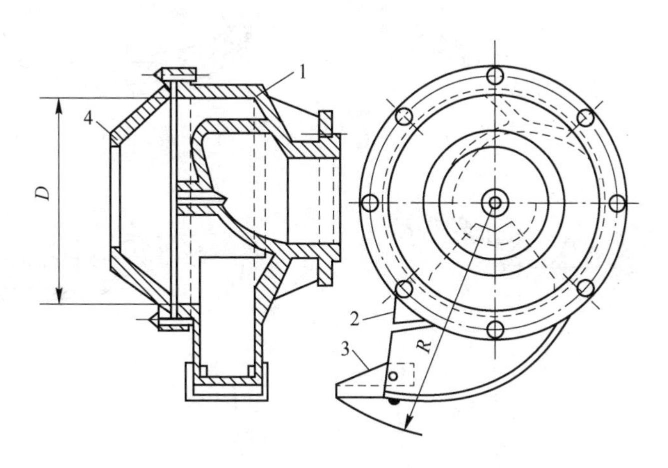

图 2-4 联合给矿器
1—筒体；2—勺子；3—勺头；4—盖子

升作用较弱，冲击作用较小，而研磨作用较强。衬板必须耐磨。由于介质和矿浆的冲击、研磨和冲刷腐蚀造成了衬板的磨损，除了衬板的材质和形状外，磨损还与给矿粒度、矿石可磨性、钢球大小、筒体直径、球磨机的转速以及矿浆的腐蚀性等因素有关。

衬板的材质有高锰钢、高铬（白口）铸铁、橡胶等。中锰球墨铸铁（Mn 质量分数为 7%~9%、Si 质量分数为 3.4%~4%、C 质量分数为 3.2%~3.6%）的寿命不低于高锰钢，但成本低得多。衬板厚度一般为 50~130mm，与筒壳之间有 10~14mm 的间隙，用胶合板、石棉垫、塑料板或橡胶铺在其中，可以缓冲钢球对筒体的冲击。衬板用螺栓固定在筒体上，螺帽下面有橡胶环和金属垫圈，以防止矿浆漏出。

衬板的形状多种多样，如图2-5所示。按其表面形状可分为平滑和不平滑两类。不平滑衬板可使磨矿介质提升到较高的高度再落下，并且对钢球和矿石有较强的搅动，因而适用于粗磨。平滑衬板由于钢球与衬板之间的相对滑动较大，因而产生较多的研磨作用而适用于细磨。

图2-5(a)～(c)和（g）是直接用螺栓固定在筒体上的单块衬板；图2-5（d）和（e）是用钢楔条螺栓固定在筒体上的衬板，优点是易于安装；长条形衬板（f）不用螺栓固定，而是靠端盖衬板的挤压固定的。

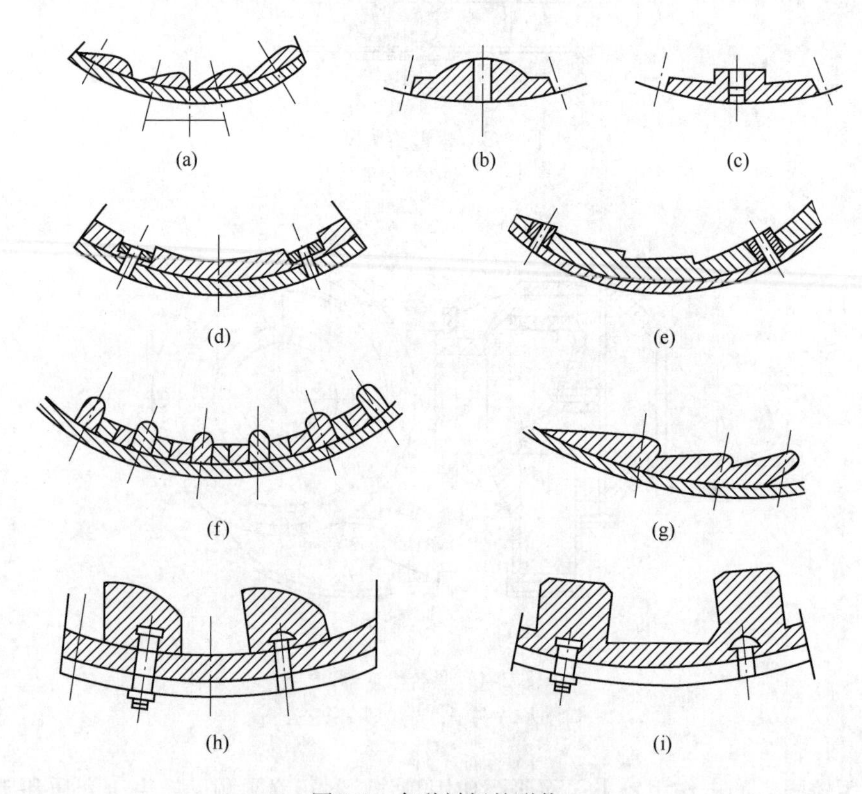

图2-5　各种衬板的形状

端盖衬板是用与筒体衬板相同的材料制成的，通常制成扇形，以便安装在端盖内表面上。

图2-5(h)和（i）是橡胶衬板。橡胶衬板一般由橡胶压条和平衬板两部分组成。球磨机常用的橡胶压条有方形［见图2-5(i)］、标准形和K形［见图2-5(h)］。方形压条对磨矿介质的推举力较强，平衬板部分较厚，易产生冲击作用，适用于粗磨。当磨矿粒度很细时，应采用K形压条，由于其前端是圆弧形，

比较光滑，对磨矿介质的推举力较弱，磨矿介质的抛落和冲击作用较小，但在磨矿介质随筒体向上运动的瞬间，磨矿介质压力增加，适用于细磨，可以产生较多的新生表面。

当电动机通过小齿轮和大齿轮将筒体带动时，物料经给料器通过中空轴颈从左端给入筒体。筒体内装有一定重量的钢球作为磨矿介质。物料受到钢球的作用而磨碎，然后经排矿端的中空轴颈排出球磨机外。由于磨碎产品经中空轴颈溢流排出，故这种球磨机称为溢流型球磨机，是一种广泛应用的球磨机。

2.1.2 湿式半自磨机

湿式半自磨机如图 2-6 所示。端盖为锥形，锥角为 150°。端盖上只有一圈波峰衬板；筒体内周边上的提升衬板也不是平的，而是由两侧向中心倾斜，倾角约为 5°，这样筒体中部的有效内直径最大，有利于防止矿石在筒体内产生偏析现象。在排矿端盖上装有与格子型球磨机类似的格子板，以控制排矿；在排矿端中空轴颈内同心装有一圆筒筛，圆筒筛内又同心装有带螺旋内套的自返装置，圆筒筛靠排矿端装有一挡环。由格子板的格孔流出的矿浆经过圆筒筛后，筛上的粗粒级物料由挡环挡至螺旋内套内由自返装置返入磨机再磨。筛下产物排至圆筒筛与中空轴颈内套构成的空间被排出，成为合格磨矿产物。

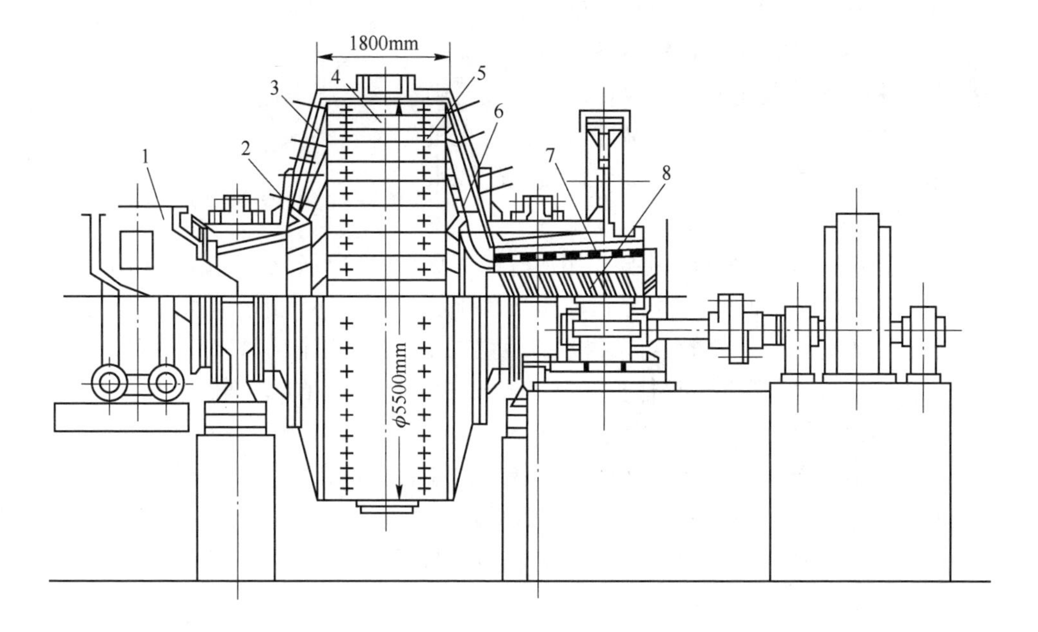

图 2-6 ϕ5500×1800 式半自磨机结构示意图

1—给矿小车；2—波峰衬板；3—端盖衬板；4—筒体衬板；5—提升衬板；6—格子板；7—圆筒筛；8—自返装置

湿式半自磨机的衬板，各国采用的材质不一。国内多用高锰钢；国外有的采用高锰钢，有的采用硬镍钢、铬钼钢，还有采用橡胶衬板（发展方向），而且认为采用橡胶衬板较合适。理由是：（1）由于筒体内载荷的容重较钢球载荷的容重低，散载荷内部及载荷对筒壁的压力也较小，尤其是当给料粒度小于300mm时，橡胶衬板尤为适用。（2）半自磨机以研磨作用为主，占全部磨碎作用的50%~80%，这种工作状态适于采用橡胶衬板。

2.1.2.1　半自磨机的工作原理

要求稳定的给矿量（充填率一定）和大小矿块间保持一定的比例（配比）。随着筒体的旋转，大小矿块被提升到一定的高度，然后抛落下来产生冲击研磨作用使矿石被磨碎。大块矿石一方面起着钢球的作用，对较小矿石产生冲击和研磨，同时大块矿石本身也被磨碎。

图2-7表示矿石在半自磨机中的运动轨迹。在筒体的直径方向上，大块矿石处于旋转的内层（靠近磨机中心），泻落运动较多，形成泻落区和研磨区，它的循环周期短，很快下落至筒体下部，遭到抛落下来的矿石的冲击而磨碎。中等粒度矿石在中间层，细粒较多集中于外层，它们被提升的高度较大，细粒脱离筒壁后抛落下来形成抛落区。抛落下来的矿石在筒体下部与半自磨机的新给矿相遇，将其击碎。矿块在这一区域受到的冲击破碎作用最强，故称为破碎区。矿石在破碎区和研磨区被磨碎到一定粒度后，被气流或水带出磨机进行分级。

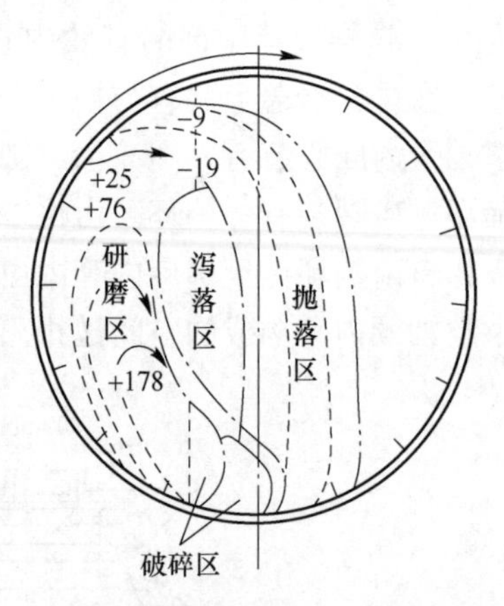

图2-7　半自磨机中矿石运动规律

半自磨机内部粉碎矿石的主要作用力有以下几类：（1）矿石自由降落时的冲击力；(2）矿石之间在研磨区和泻落区的相互磨剥力；(3）矿石由压力状态突然变为张力状态的瞬时应力。一般半自磨机以研磨作用为主，占全部磨碎作用的50%~80%。由于多数半自磨机的筒体长度短，矿石在磨机内停留的时间较短，同时大多数矿粒是沿结晶界面磨碎的，因此，磨碎产品的粒度比较均匀，过粉碎现象少。

由于半自磨技术具有节约钢耗（不装介质或装少量介质）、简化流程、节省基建投资、磨碎产品不受铁污染、单体解离较好和对矿石的适应性强等明显的优越性，因此已广泛用于铁矿、铜矿、铅锌矿和其他稀有金属矿，以及化工、建材等其他工业部门。

2.1.2.2　半自磨工艺参数

A　原矿粒度特性

在半自磨工艺中，原矿既是磨碎介质又是被磨碎物料。由于前一特点，当原矿粒度组成发生变化时，就如同球磨机中的球荷配比改变一样，磨机的生产率和产品细度相应变化。由于后一特点，当原矿粒度组成发生变化时，就如同球磨机的给矿粒度组成改变，磨机的生产率和产品细度亦随之波动。大块含量多，则冲击动能大，有利于破碎中等粒度的矿块，磨机产量高，比能耗低。实践证明，原矿中大块含量少时，磨机中易形成临界颗粒（粒度约为 40mm）逐渐增多的现象，即形成所谓的“顽石积累”。顽石积累造成半自磨机产量降低、比能耗增加和产生过粉碎现象。但是，如果原矿粒度太大，大块含量过多，则所需的磨矿时间延长，磨矿效率也低。

原矿最大粒度的确定首先与半自磨机的规格有关，对于 ϕ6m 以上的大型磨机，原矿中最大粒度可达 500mm，对于 ϕ6m 以下的自磨机，原矿粒度以 300 ~ 400mm 为宜。其次，要考虑矿石性质，对于硬度和密度不大的矿石，可以适当提高给矿粒度，但对于密度和硬度大的矿石，则应适当降低给矿粒度。

为使半自磨机高效率工作，给矿中各粒级保持适当配比是重要的，大块率一般控制在 15% ~ 30% 。

另外，一定的转速率对原矿粒度组成有一定的适应性，可以通过选择半自磨机的转速来适应原矿的粒度组成。可用变速电动机及其自动控制系统来控制半自磨机的转速。

B 充填率（料位）

充填率是指磨机中物料容积占磨机有效容积的体积分数，有时也用料位表示，意思是指半自磨机中料层的高度。测知料位便可换算出充填率的大小。

充填率的大小反映了磨机的给料速度、磨料速度及排料速度三者相平衡的结果。在原矿性质、磨机结构既定的条件下，料位的高低是影响磨料速度的主要因素。

随着磨机内料位的增高，功率消耗也增加，磨机的产量也相应提高。当充填率增加到某一数值时，功率消耗达一极限值，此时磨机的产量最高；当充填率再增加时，功率消耗急剧下降，产量也降低，此时磨机出现了“胀肚”现象。故对任一半自磨机均存在一最佳料位值，此时磨机消耗功率为最大。物料性质不同，最佳料位值也不同，一般为 30% ~ 40% 。

通过调整磨机的给料速度，可使半自磨机经常处于最佳料位。

C 转速率

转速率的大小直接影响磨机内物料的运动状态，运动状态不同，物料被粉碎的磨剥作用和冲击作用的程度也不同。

转速率与磨机直径、充填率、矿石性质等有关；最佳转速率应由试验确定，波动范围是 70% ~ 80% 。国外半自磨机多趋向于低转速率。

半自磨机的转速率还与矿石的密度有关，密度大的矿石要求低转速，而密度小的矿石要求高转速。对于坚硬难磨的矿石，宜采用低转速率。

转速率是半自磨生产中非常重要的参数之一，然而，国内目前定型的半自磨机转速均已固定，无伸缩余地，见表2-1。

表2-1　国内定型半自磨机转速

序号	磨机规格	转速/$r \cdot min^{-1}$	转速率/%
1	ϕ4000mm×1400mm（湿式）	17	80.0
2	ϕ5500mm×1800mm（湿式）	15	83.0
3	ϕ7500mm×2500mm（湿式）	12	82.5
4	ϕ4000mm×1400mm（干式）	18	84.7

D　附加钢球

半自磨时，一般加入占磨机容积2%~8%的钢球，作为强化自磨的措施之一。

钢球的作用是弥补矿石中粗粒级的不足和磨碎“顽石”，并可从中得到高强度的音响信号，以正确控制给矿量。如图2-8所示，其结果是提高生产量、降低比能耗，并改善产品的粒度组成和减少泥化现象。半自磨所加钢球直径通常在40~130mm。钢球充填过多，会加大衬板、钢球消耗，增加成本；且造成启动负荷加大，不易启动设备。

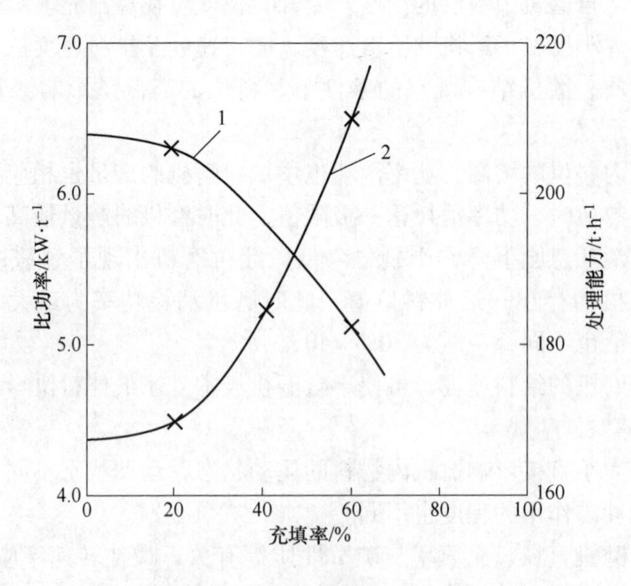

图2-8　添加钢球对半自磨机处理能力和比功率的影响

1—比功率曲线；2—处理能力曲线

2.1.2.3 磨矿机的有用功率

选矿厂的磨矿机所消耗的电能相当可观，一般占全厂总电耗的30%~70%。通常可将输入磨机的电能消耗归为下述三个方面：

（1）有用能耗。用来使磨矿介质运动从而发生磨矿作用所消耗的能量，其大小与磨矿介质的重量和磨机的转速有关，约占总电能的75%。

（2）电动机本身的能量损失。占总电能的5%~10%，与电机本身的效率有关。

（3）机械摩擦损失及声能、热能损耗。包括克服构件间的摩擦使筒体旋转消耗的功率，机械振动、矿石和介质在磨机中运动所发出的巨大声响及磨机内流动矿浆的温升以热量形式耗散的能量等。

磨机在一定的充填率下，有用功率随着转速的增加逐渐增大，达到最大值以后，逐渐下降；磨机的充填率不同，有用功率的消耗也不同，达到最大值时的转速也不同。充填率越高，达到有用功率最大值所需的转速率也越高；随着转速率增加到一定程度，钢球即由泻落状态转变为抛落状态，但转变点随充填率不同而异。图2-7中虚线为泻落与抛落的界限，当转速率达到一定值时，钢球的运动即进入抛落状态。而且充填率越高，进入抛落状态的转速率也越高；当转速率为临界转速的78%~84%时，有用功率开始下降，当所有的球都离心化时，磨矿机的有用功率等于零。

2.1.3 磨矿机的安装、操作及维修

磨矿机的正确安装、良好维护、优化操作是保证磨矿机高产量、高作业率、高产品质量及低消耗的必要条件。

首先必须保证磨矿机有较高的运转率和作业率。运转率是指磨矿机全年实际运转的累计时数占该年日历时数的百分率，它是衡量磨矿机是否完好工作的指标；作业率是指磨矿机全年负荷（即给矿）运转的累计时数占该年日历时数的百分率，它是衡量磨矿机设备完好和外部给矿是否正常及时的指标。通常磨矿机的运转率大于或等于作业率，二者差值越大，说明磨矿机设备虽完好，但外部影响因素多。

磨矿机的正常操作和设备及时调节使磨矿机处于优化条件下生产，是使磨矿机高产、稳产的重要条件。

2.1.3.1 磨矿机的安装

磨矿机的安装质量是保证磨矿机正常工作的关键。各种类型磨矿机的安装方法和顺序大致相同，为确保磨矿机能平稳地运转和减少对建筑物的危害，必须把它安装在为其质量2.5~3倍的钢筋混凝土基础上。基础应打在坚实的土壤上，并与厂房基础最少要有40~50mm的距离。

安装磨矿机时，首先应安装主轴承。为了避免加剧中空轴颈的台肩与轴承衬

的磨损，两主轴承底座板的标高差在每米长度内不应超过0.25mm。其次安装磨矿机的筒体部。结合具体条件，可将预先装配好的整个筒体部直接装上，亦可分几部分安装，并应检查与调整轴颈和磨矿机的中心线，其同心误差必须保证在每米长度内应低于0.25mm。最后安装传动零部件（小齿轮、联轴节、减速器、电动机等）。在安装过程中，应按产品技术标准进行测量与调整，包括检查齿圈的径向摆差和小齿轮的啮合性能，减速器和小齿轮的同心度、电动机和减速器的同心度。当全部安装都合乎要求后，才可以进行基础螺栓和主轴承底板的最后浇灌。灌浆时要注意正确的操作，外表看不到的灌浆中的空洞可能导致设备松动或地脚螺栓变松。

磨矿机和驱动装置安装完毕，一般先按最小载荷试转6～12h。因为磨矿机里始终存在着某种程度的不平衡，为了在驱动装置中增加一些阻力，必须往磨矿机中灌些水和一定量的矿石。另外，因为空转会使小齿轮超速，使齿轮产生振动，所以绝不允许磨矿机空转。

2.1.3.2 磨矿机的操作

要使磨矿机的转速率高，磨矿效果好，必须严格遵守操作和维护规程。

A 磨矿机启动前的准备工作

磨矿机在启动前应先做好以下工作：（1）对紧固件和各传动件做一般性检查，包括螺栓、键及给矿器勺头的固紧状况。（2）检查润滑装置的油位、油路连接、仪表及阀门开闭情况。（3）检查磨矿机与分级机周围有无阻碍运转的杂物、给料勺下的料浆槽有无物料凝固；然后用吊车盘车，使磨矿机转动一周，松动筒内的磨矿介质和矿石，并检查齿圈与小齿轮的啮合情况（有无异常声响）。（4）检查电气设备、联锁装置和音响信号。

B 开停机顺序及操作注意事项

开机时应先启动磨矿机润滑油泵，当油压为0.15～0.20MPa时，才允许启动磨矿机，再启动分级设备。等一切都运转正常，才能开始给矿。必须注意，在不给料的情况下，球磨机不能长时间运转，一般不能超过15min，以免损伤衬板和消耗钢球。停车时先停给矿机，待磨矿机筒体内矿石处理完后，才停磨矿机的电动机，最后停油泵，借助分级机的提升装置将螺旋提出砂面，接着停止分级设备。

磨机运转过程中要经常注意：主轴承的油温不得超过60℃；电动机、电压、电流、音响等情况；润滑系统应保证有充分的润滑油供应各润滑点，油箱内的油温不得超过60℃；给油管的压力应保持在0.15～0.20MPa内；检查大小齿轮、主轴承、分级机的减速器等传动部件的润滑情况；观察磨矿机前后端盖、筒体、排矿箱、分级机溢流槽和返砂槽是否堵塞和漏砂；矿石性质的变化，并根据情况及时采取相应的措施。

C 磨矿机的常见故障、原因及消除方法

磨矿机的常见故障、原因及消除方法列于表2-2中。

表 2-2 磨矿机的故障原因和排除方法

故　障	原　因	排 除 方 法
主轴承温度过高	供给主轴承的润滑油被中断或油量太少	立即停止磨矿机，清洗轴承，更换润滑油
主轴承冒烟	矿浆或矿粉落入轴承	修整轴承和轴颈，调整主轴承位置或重新浇注
主轴承熔化	主轴承安装不正，轴颈与轴瓦接触不良	增加供水量或降低水温
主轴承跳动或电机超负荷断电	主轴承冷却水少或水温较高	更换新油或调整油的黏度
	润滑油不纯或黏度不合格	
启动磨机时，电机超负荷或不能启动	启动前没有盘磨	盘磨后再启动
	钢球充填率过高	清除部分钢球
油压过高或过低	油管堵塞，油量不足	消除油压增加或降低的原因
	油黏度不合格、过脏	更换新油或调整油的黏度
电动机电源不稳定或过高	勺头活动，给矿器松动	上紧勺头或给矿器，改善润滑情况，更换衬板，调整操作，更换或修理齿轮，排除电气故障
	返砂中有杂质	
	中空轴润滑不良	
	磨矿浓度过高	
	传动系统有过度磨损或故障	
	筒体衬板重量不均衡或磨损不均匀	
球磨机振动	齿轮啮合不好或磨损过甚	调整齿间隙，拧紧松动螺丝，修整或更换轴瓦
	地脚螺丝或轴承螺丝松动	
	大齿轮连接螺丝或对开螺丝松动	
	传动轴承磨损过甚	
突然发生强烈振动和碰击声	齿轮间啮合间隙混入杂质	清除杂物，拧紧螺丝，修整或更换轴瓦
	小齿轮轴串动，齿轮打坏	
	轴承或固定在基础上的螺丝松动	
磨矿机端盖与筒体连接处、衬板螺钉处漏矿浆	衬板螺丝松动、密封垫圈磨损，螺栓打断	拧紧或更换螺丝，加密封垫圈，拧紧定位销子
	连接螺丝松动，定位销子过松	
磨矿机内声音异常	给矿器堵塞	检查修理给矿器
	给矿不充分，粒度特性变化	调整给矿量，消除供量不足的原因
	介质磨损过多或量不足	补加介质

2.1.3.3 磨矿机的维修

磨矿机的合理维修是确保磨矿机有较高的运转率和较长使用期的重要条件。磨矿机的维修工作应与操作维护结合起来，经常进行。与此同时，维修计划和日常维修记录对磨矿机的正常运转必不可少。制定一整套的维修计划和维修方针是新型选矿厂生产中最重要的工作之一，维修计划的周密性、维修人员的认真程度以及维修计划的正确与否会很明显地反映在经济效益上。

为了让每次的计划停机检修工作顺利进行，平时应做好设备维修记录，详细地记载每一设备的操作情况和维修后的效果。如认真记录主轴承、格子板、衬板等易磨件的更换次数，并且把这些记录作为设备的使用史，以便于预测易磨件的使用寿命，并适时安排更换易磨件。

维修次数和时间可根据每台磨矿机的操作情况来确定，同时还取决于最易损件或最易磨件——衬板的磨损程度。磨机的维修除日常维护检查外，还应定期进行小修、中修和大修。

(1) 小修。一般为1~3个月进行一次，主要检修项目包括：检查、修复或更换已磨损的零部件，如磨机衬板、给料器的勺头、小齿轮、联轴器及胶垫、进料管、出料管、电动机的轴承等；检查各紧固件；对油泵和润滑系统进行检查、清洗和换油；临时性的事故修理及磨损件的小调、小换和补漏。

(2) 中修。一般为6~12个月进行一次，检修项目除了包括小修的全部项目外，还需对设备各部件进行较大的清理和调整，如修复传动大齿轮等，同时还需更换大量的易磨件。

(3) 大修。周期一般为5年左右，检修项目除包括中修的全部项目外，还需更换主轴承和大齿轮，检查、修理或更换筒体和端盖，对基础进行修理、找正或二次灌浆。

影响磨矿机易损件使用寿命的因素很多，应按磨矿机的具体任务而定。

根据我国的生产实践经验，球磨机易损件的材质、使用寿命和备用量列于表2-3。

表2-3 磨矿机易损件的材质、使用寿命和最少备用量

零件名称	选用材质	使用寿命/月	每台磨矿机最少备用量/套
筒体衬板	高锰钢	6~8	2
端盖衬板	高锰钢	8~10	2
轴颈衬板	铸铁	12~8	1
格子板	锰钢	6~18	2
给矿器勺头	高锰钢	8	2

续表2-3

零件名称	选用材质	使用寿命/月	每台磨矿机最少备用量/套
给矿器体壳	碳钢或铸铁	24	1
主轴承轴瓦	巴氏合金	24	1
传动轴承轴瓦	巴氏合金	18	2
小齿轮	合金钢	6~12	2
大齿圈	铸钢	38~48	1
衬板螺栓	碳钢	6~8	1

2.1.4 磨矿机组的自动控制

磨矿机组的自动控制不仅可以节省劳动力，而且可以稳定操作，把作业条件控制在最佳水平，从而达到提高产量、降低消耗的目的。特别是半自磨机，由于磨机内的料位或介质负荷变化快，因此必须安装自动控制系统，以保证磨矿机的高效率、低消耗。

据国外报道，磨矿回路采用自动控制可提高产量2.5%~10%，且处理1t矿石可节省电能0.4~1.4kW·h。我国一些选矿厂的磨矿分级自动控制经验表明，采用自动控制系统时，磨矿操作的各项指标的波动范围均比人工操作小。

磨矿作业自动控制系统测定或控制的主要参数包括：（1）功率。与磨矿机的转速率、矿浆浓度、磨矿介质充填率、衬板状态等有关，自磨机的负荷变化可采用功率信号或轴压信号反映。（2）声音。声音强度与介质运动状态和球料比有关，它可表示磨矿机负荷大小，测定时需要将某些无关的声音滤掉。（3）新给矿量。在给矿皮带上安装传感器（电子秤或核子秤），传递和记录负荷质量，并用来控制磨机磨矿加水量。（4）水力旋流器的料浆泵池的液位。该液位的高低可表示闭路磨矿循环负荷的大小，并用来控制砂泵的流量。液位可用超声波、原子吸收、压差及测量浸入料浆的吹泡管的压力等方法测出。（5）矿浆流量。可用矿浆流量计测定。通过矿浆容重和体积流量计算而测出矿浆的质量流量，用以控制浮选药剂添加量和计算磨矿系统的质量平衡表。体积流量用磁性流量计测出。（6）pH值。用标准电极测量，矿浆的pH值会对金属氢氧化物形成胶体颗粒产生影响，而胶体颗粒的数量又影响矿浆浓度和分级作业。（7）给水量。影响磨矿矿浆浓度和磨矿效率。（8）矿浆浓度。用浓度计测定。（9）磨矿产品粒度。用粒度传感器测定。目前很多参数的确定靠经验或简易手段人工测定，远远达不到自动化的基础参数控制水平。

选矿厂磨矿分级过程自动控制可分为定值控制和最优化控制两种方式。选用时必须充分研究原矿性质、工艺流程、设备配置及生产指标等具体情况，以确定合适方案。

2.2　磨矿循环与影响磨矿效果的因素

在金属矿选矿厂中，需要磨碎的矿石一般都是由几种不同矿物组成的。由于各种矿物的物理性质和嵌布粒度不一样，可磨性也不相同，而且它们在磨矿机中受到的冲击和研磨作用也不可能完全一致，因此经过磨矿机磨碎后排出的产物粒度也就有粗有细。如果在生产中将给入磨矿机的粗粒物料全部磨细到符合要求的粒度后才排出，则那些已先磨细了的矿粒就有可能继续被研磨而发生过磨。这种不必要的过磨不仅造成动力、磨矿介质和筒体衬板的无谓消耗，而且还会给选别和脱水等后续作业带来困难，以及增加了有用成分在微细粒级中的损失。所以，在选矿生产中为了减少过磨并控制磨矿产物粒度，通常都不采用这种让物料通过磨矿机一次就磨到合格细度的所谓开路磨矿工艺，而是采用磨矿机与分级设备构成闭路作业的磨矿流程。在闭路磨矿过程中，磨矿机排出的比合格粒度稍粗一些的物料，经分级作业分级后，合格的细粒部分即被及时分出送往下一作业，而不合格的粗粒部分则作为返砂送回磨矿机再磨。对闭路磨矿操作的要求，不是要使物料每次通过磨矿机时都全部磨碎到合格粒度，而是尽多尽早地把刚刚磨碎到符合粒度要求的物料从磨矿回路中分离出来。这样就可以保证磨矿机中的研磨介质完全作用在粗大颗粒上，使输入的能量最大限度地做有用功，从而提高磨矿效率，减少过磨物料的产生。

由此可见，分级作业在磨矿过程中起着十分重要的作用。分级设备性能的好坏、分级工艺及操作条件是否适宜及分级效率的高低，必然对磨矿效果产生直接的影响。因此，必须了解磨矿回路中常用分级设备的性能和应用场合，了解磨矿分级循环系统中分级效果与磨矿效果之间的关系。

与磨矿机配合使用构成磨矿回路的分级工艺，按其在磨矿回路中的作用不同可分为预先分级、检查分级和控制分级。预先分级是指入磨前的物料先经过分级机预先分出不需磨碎的合格细粒，只把不合格的粗粒级物料送入磨矿机研磨，以减少不必要的磨碎和减轻磨矿机的负荷。检查分级则是对磨矿后的产物进行分级，把不合格的粗粒级物料分出来返回磨矿机再磨，以控制磨矿产物的粒度。控制分级又可分为溢流控制分级和沉砂控制分级，前者是指把第一次分级的溢流再次分级，以获得更细的溢流产物；后者则指把第一次分级的沉砂进行再分级，以获得细粒级含量更少的粗粒物料，然后将其作为返砂送回磨矿机再磨，可更有效地防止过粉碎。

与磨矿机构成闭路循环的分级作业，经分级后的物料分为粗细两部分，细粒部分称为溢流，粗粒部分称为沉砂或返砂。溢流产品的粒度（常以溢流按某一规定的筛析粒度的质量分数来表示）就是分级作业的分级粒度。例如某分级设备的溢流粒度为 -200 目（ -0.074mm）占70%，则这一粒度就是该分级机的分级粒度。在理想条件下，物料经分级后，大于分级粒度的颗粒全都分到沉砂里，而小于分级粒度的颗粒全都分到溢流里。但在实际生产中由于设备和操作等方面的原因，“理想分级”是做不到的。在分级产物中总有一定量粗细颗粒的混杂，即溢流中混有不合格的粗粒，沉砂中混有合格的细粒，从而影响分级产品的质量。粗细混杂的程度越严重，说明分级精度越低，分级效果越差。

2.2.1　水力旋流器

2.2.1.1　水力旋流器的构造及工作原理

水力旋流器是一种利用离心力来加速颗粒沉降的分级设备，其构造如图 2-9 所示。旋流器上部是圆筒，筒体上装有与筒壁呈切线方向的给矿管，筒体中心有溢流管；下部是一个与圆筒相连的倒置圆锥体，锥体的锥角在 15°～60°，锥体下端装有沉砂口，各部分之间均用法兰盘及螺栓连接，以便于更换。

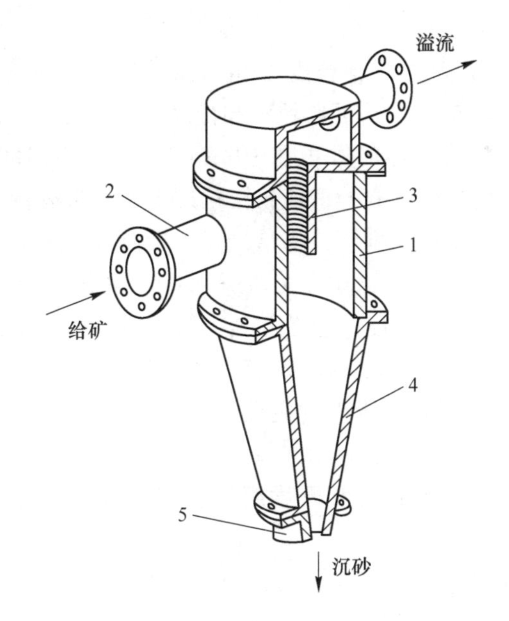

图 2-9　水力旋流器构造示意图

1—圆筒部分；2—给矿管；3—溢流管；4—圆锥部分；5—沉砂口

水力旋流器的分级过程是：矿浆以一定压力（0.049～0.294MPa）从给矿管沿切线方向给入旋流器，在筒体内部高速旋转，产生很大的离心力。矿浆中的介质以及密度和粒度不同的矿粒，因受到的离心力不同，在筒体内的运动速度、加速度及方向也各不相同。粗而重的矿粒受到的离心力大，被甩向筒壁，沿螺旋线向下运动，随同部分介质从沉砂口排出，成为沉砂；细而轻的矿粒受到的离心力小，在筒体中心与大部分介质一起形成内螺线状的上升液流，从溢流管排出，成为溢流。

2.2.1.2 影响水力旋流器分级的因素

影响水力旋流器分级的因素很多，主要有结构参数（旋流器直径、给矿口直径、溢流管和沉砂口直径及锥角等）和操作工艺（给矿压力和给矿浓度等）因素两大类，现分述如下：

（1）旋流器直径。要求分级粒度大时，宜用较大直径的旋流器；要求分级粒度小时，宜用多个小直径旋流器来满足处理量的需要。国内选矿厂应用的多为直径在75～1000mm的旋流器，由于小旋流器沉砂口易堵塞，在满足分级粒度的要求下，应尽可能地应用大直径旋流器。

（2）给矿口直径。旋流器给矿口多呈矩形和椭圆形，以等面积的圆的直径来表示给矿口直径。给矿口与给矿管呈渐近线连接较好。给矿口直径一般为旋流器直径的0.2～0.4倍，为溢流管直径的0.4～1.0倍。

（3）溢流管直径和沉砂口直径。在其他因素不变时，增大溢流管直径，旋流器的处理量将随之增大，溢流粒度变粗，溢流管直径一般为旋流器直径的0.2～0.4倍；减小沉砂口直径，沉砂粒度和分级粒度将变粗，沉砂浓度将增大。

（4）锥角。分级用旋流器的锥角在10°～40°之间，以15°～20°较普遍。锥角过大，矿浆阻力增加，会影响处理量；锥角过小，矿浆运行路线长，虽有利于提高分级效率，但旋流器高度剧增，将给配置和操作管理带来不便。

（5）给矿压力。旋流器的给矿压力直接影响处理量，处理量会随其增大而增大。给矿压力也影响分级粒度，但若靠增大给矿压力来减小分级粒度，动力消耗太大。一般是，当要求的分级粒度较大时，宜用大直径和较低给矿压力的旋流器，反之用小直径和较大给矿压力的旋流器。分级过程中，给矿压力必须保持稳定。

（6）给矿浓度、给料的粒度和密度组成。它们对分级有较大影响，分级过程中应尽可能地保持稳定。

水力旋流器具有结构简单、价格低、处理量大、占地面积小、投资费用少、分级效率较高、可以在符合选别要求的溢流浓度下获得很细的溢流产品等优点，但也有扬送矿浆能耗大、设备磨损快、工作不够稳定、生产指标易产生波动等缺点。常在第二段磨矿循环中作为分级设备使用。

在工业闭路磨矿中，在分级设备的分级效率不高的情况下，控制较高的返砂比，对减少合格细粒级在返砂中的比例，以及提高磨矿机的处理能力，是比较有利的。但返砂比增高到一定程度后，若再继续加大到超过500%时，磨机生产率提高幅度就很有限。当返砂比无限大时，磨矿机生产率也只比返砂比为100%时提高38.6%。这说明过高的返砂比并无好处，只能增加输送返砂的费用。

在任何情况下，通过优化分级工艺和提升分级设备性能来提高分级效率，都是有利的。不仅可提高磨矿机生产率，降低磨矿能耗，还可减少过粉碎。但应注意，分级效率提高后，必须使返砂比保持原值，才能取得增产节能的磨矿效果。

2.2.2 磨矿机的主要工作指标

磨矿作业是选矿厂的关键作业，磨矿机的工作效果直接影响着全厂的技术经济指标和处理能力。因此，必须十分重视磨矿作业的工作状况和质量，尽量使磨矿机保持在最佳工艺条件下运转，做到以最低的消耗生产出最大吨位的合格磨矿产品。对磨矿机工作效果的评价，通常采用以下几个指标。

2.2.2.1 磨矿机的生产率

磨矿机生产率的表示方法有几种，各种表示法有各自的应用场合。

A 台时处理量

台时处理量指在一定给矿粒度和产品粒度条件下每台磨矿机每小时能够处理的原矿量，单位为t/(台·h)。在同一选矿厂中，如果各台磨矿机的规格、型式及所处理的矿石性质、给矿粒度和产品细度都相同，用这种表示法可以简单明确地评价各台磨矿机的生产情况。但对于规格和型式不同的磨矿机，就不可以用台时处理量来比较其工作情况了。

B 磨矿机利用系数

磨矿机利用系数指磨矿机单位有效容积每小时能处理的矿量，单位为t/(m^3·h)。用这种表示法，可以比较同厂同类型但规格不同的磨矿机的生产率。

2.2.2.2 磨矿效率

磨矿效率是评价磨矿机能量消耗的指标，也有几种表示方法。

（1）以磨碎单位质量物料所消耗的能量（比能耗）来表示，通常用kW·h/t为单位。比能耗越低，说明磨矿机的工作效率越高。但这种表示法没有考虑给矿和磨矿产品的粒度等因素，它只能在相似条件下进行对比。比能耗的高低取决于物料性质、给矿和产品的粒度及磨矿机的操作条件等。

（2）以磨碎生成单位质量-0.074mm（-200目）粒级物料所消耗的能量来表示，单位为kW·h/t（-200目）。用这种方法表示磨矿效率，综合考虑了物料性质和磨矿操作条件等因素，因而可以对两种磨矿细度不同的磨矿过程进行比较。

2.2.2.3 磨矿机作业率

磨矿机作业率是指磨矿机实际工作总时数占日历总时数的百分率。因为磨矿机是选矿厂的关键设备，磨矿机的作业率就反映了全厂设备实际运转的情况，它是评价选矿厂生产状况的一个重要技术指标，也是衡量选矿厂设备管理水平的主要标志。

生产中，每台磨矿机的作业率通常是每月计算一次，全年则按月平均。如果全厂有几台磨矿机，则将其平均作业率作为选矿厂每月或全年的磨矿机作业率。一般要求磨矿机年作业率为90.4%~92.0%。

2.2.2.4 *粒度合格率*

粒度合格率可用来衡量磨矿产品的质量和操作者的操作水平，也就是通常所说的磨矿细度合格率。每班的粒度合格率是以一个工作班内检查产品合格的次数占检查总次数的百分比来表示。例如在一个工作班内取样检查8次，其中有7次合格，则粒度合格率为87.5%。

2.2.3 影响磨矿效果的因素

为了控制和管理好磨矿作业，使之获得最佳的工作效果，必须查清磨矿过程的影响因素，以及这些因素之间的相互关系和变化情况。

通过长期生产实践得知，影响磨矿机工作效果的因素可归纳为三方面，即矿石性质、磨矿机结构及操作条件。对一台具体磨矿机来说，这些因素中有的是固定不变的，有的则可以根据要求进行调整。下面分别论述各种因素是如何影响磨矿机的工作效果的。

2.2.3.1 *矿石性质、给料粒度和产品粒度的影响*

A *矿石性质*

矿石性质是客观存在的，通常不能改变。矿石性质对磨矿机工作效果的影响可以用矿石的可磨性（即矿石由某一粒度磨碎到规定粒度的难易程度）来比较和衡量。不同的矿石具有不同的可磨性，主要与矿石本身的矿物组成、机械强度、嵌布特性及磨碎比等有关。结构致密、晶体微小、硬度大的矿石，可磨性小，磨碎它需要消耗较多的能量，磨矿机的生产率较低；反之，结晶粗大、松散软脆的矿石，可磨性大，磨矿机的生产率较高，磨矿的单位能耗较低。

较简便的常用测定方法是：在相同的磨矿条件下，将标准矿石和待测矿石磨到同一粒度时，两者生产率的比值即为待测矿石的可磨性。

自然界中的矿石，通常由不同的矿物组成。在同一块矿石内，不同的矿物有不同的嵌布粒度和可磨性，因而在磨矿过程中常发生“选择性磨细”现象，即一些矿物尚未磨细，而另一些矿物已出现过粉碎了。在这种情况下，应采取相应措施把已磨细的部分及时分出，以提高磨矿机的工作效率，降低无谓的能耗。

B *给矿粒度*

磨矿机给矿粒度大小对磨矿过程的影响也很大。给矿粒度越小，磨碎到指定细度所需的时间越短，磨矿机的处理能力越高，单位磨矿能耗越低。

必须指出，给矿粒度的改变对磨矿机生产率的影响还与矿石性质和产品细度有关。在任何情况下，当要求提高磨矿机生产能力时，在一定范围内降低给矿粒度，总是有重大作用的。

不过，要综合考虑碎矿与磨矿总费用后才能确定磨矿机适宜的给矿粒度。因为磨矿机给矿粒度细，磨矿费用虽低，但碎矿费用高；而给矿粒度粗，碎矿费用虽低，但磨矿费用高，二者互为消长。一般情况下要求“多碎少磨”，半自磨等设备对给矿大块率有特殊要求除外。

C 产品粒度

在给矿粒度和其他条件相同时，磨矿产品越细，磨矿机生产率越低，单位磨矿能耗越高。这是由于产品磨得越细，所需的磨矿时间越长，同时，随着磨矿时间的延长，被磨物料颗粒变细，颗粒的裂缝及晶体间的脆弱点或面不断减少，磨细变得更困难，这就使得磨碎速率下降，磨矿机的处理能力相对降低。

磨矿产品最终粒度取决于矿物的嵌布特性和选矿工艺要求，通过选矿试验确定后，一般不轻易改变。因此，对磨矿作业来说，只能在保证磨矿细度的前提下，尽可能多地生产出既解离充分而过粉碎微粒又少的磨矿产品，避免过粉碎造成的额外能量消耗。

2.2.3.2 磨矿机的衬板

由于外界的能量是通过筒体衬板传递给磨矿介质，使之产生符合磨碎要求的运动状态的，因此，衬板的形状和材质对磨矿机的工作效果、能耗和钢耗等均有很大影响。

常用的普通圆形断面衬板（简称普通衬板），按其几何形状可分为表面平滑的和表面不平滑的（波形、突棱形或阶梯形）两类。不同的衬板表面形状，对磨矿介质和矿石的提升高度也不一样。表面平滑的或带波形的衬板，磨矿介质与衬板之间的相对滑动较大，研磨作用较强，但在相同转速下磨矿介质被提升的高度及抛射所做的功较小，冲击力弱，故适用于细磨。而对于矿石粗磨，要求磨矿介质对矿石有较大的冲击力，这就要求将磨矿介质提升得更高，使其有更强的抛射作用，这种情况下采用突棱形或阶梯形衬板较为适宜。

通过改变衬板整体结构形状来改变磨矿介质在筒体中的运动规律，可以增强磨矿介质和物料之间的穿透与混合作用，从而提高磨矿效率。

磨矿机衬板的材质有金属材料（如高锰钢、合金铸铁等）和橡胶两类。高锰钢衬板抗冲击性能好，坚硬耐磨，适用于要求冲击作用较强的粗磨段。对于矿石细磨，主要磨矿作用为研磨，可采用耐磨性好但耐冲击性稍低的合金铸铁，以节省生产费用。金属材料衬板的主要缺点是重量大，不便于加工成型和安装拆卸；而橡胶衬板正好相反，不但重量轻，易加工成型和装卸，且耐磨损，抗腐蚀，低噪声，实践中橡胶衬板用于第二段细磨和中间产品再磨时，其使用寿命和生产费用都优于金属材料衬板。

2.2.3.3　磨矿操作条件的影响

对于磨矿分级设备和工艺已经确定了的生产选厂，磨矿操作条件控制是否得当，对磨矿作业产品的数量和质量具有决定性的影响。为了获得预期的磨矿效果，操作者必须依据矿石性质和入磨粒度组成的变化情况，及时调整操作条件，使之稳定在最适宜的水平上。影响磨矿过程的操作因素包括：磨矿介质装入制度、磨矿浓度、给矿速度、磨矿机转速、返砂比、分级效率以及助磨剂（水介质）的添加等。

A　磨矿介质装入制度的影响

磨矿介质及其装入制度是获得良好磨矿指标的先决条件，因此每个选矿厂都必须根据所磨矿石的特性和对磨矿产品质量的要求，通过工业生产试验找出最适宜的介质装入制度。

a　磨矿介质的形状和材质

作为直接对物料产生磨碎作用的磨矿介质，应满足和兼顾两方面的要求：(1) 具有尽可能大的表面积，以提供与被磨物料相接触的适当表面；(2) 具有尽可能大的质量，以具备磨碎物料所必需的能量。球体的滚动性能好，比表面积较大，细磨效果较好，但球体之间的接触是点接触，产品粒度欠均匀，过粉碎现象较严重。

磨矿介质的质量与介质装入制度、介质消耗、磨矿效率和磨矿成本等关系很大，因此在选择介质的材质时，既要考虑其密度、硬度、耐磨性和耐腐蚀性，还要考虑其价格高低和加工制造的难易程度。用合金钢及高碳钢锻造并经热处理的钢球，密度大，硬度高，耐磨性能好，磨矿效率高，但加工较麻烦，价格也贵。用普通白口铸铁铸造的铁球，制造容易，价格便宜，但强度低，耐磨性能差，磨矿球耗大，残球量多，磨矿效率低。近年来用稀土中锰铸铁铸造的铁球的质量大大优于普通铸铁球，耐磨性能接近于低碳钢锻球，且成本较低，易于制造。

在其他条件不变时，磨矿介质的密度越大，磨矿机的功率消耗和生产能力都越高。常用磨矿介质的密度见表2-4。

表2-4　常用磨矿介质的密度

名　称	锻钢球	铸钢球	普通铸铁球	稀土中锰铸铁球	钢棒
密度/$t \cdot m^{-3}$	7.80	7.50	7.10	7.00	7.80
松散密度/$t \cdot m^{-3}$	4.85	4.65	4.40	4.35	6.20~7.00

b　磨矿介质的尺寸和配比

磨矿介质尺寸大小关系到它们在磨矿机中对物料产生冲击、挤压和研磨作用的强弱，直接影响着磨矿效果。在确定磨矿介质尺寸时，主要考虑的是被磨矿石的性质和粒度组成。以球磨机为例，在处理硬度大、粒度粗的矿石时，需要较大的冲击力，应装入尺寸较大的钢球；当矿石较软、给矿粒度较小、而要求的磨矿产品粒度又较细时，则应装入尺寸较小的钢球，以增大钢球与被磨物料的接触表面，增强研磨作用。

工业生产磨矿机的给料都是由不同粒度的矿粒组成的，因此装入磨矿机的磨矿介质也应具有不同的尺寸。只有保持磨矿机中各种尺寸的介质在质量方面的比例与被磨物料的粒度组成相适应，才能取得良好的磨矿效果。但要注意半自磨机和球磨机不同，不能将半自磨机当球磨机使用，半自磨磨矿介质尺寸一致，规格为120mm或130mm。长期磨矿实践经验是：粗矿粒要用大钢球来打碎，细矿粒要用小钢球来研磨。在磨矿机装入钢球的质量一定时，直径小的钢球个数多，每批钢球落下打击的次数也多，研磨面积也大，但每个球的打击力小；直径大的钢球个数少，每批钢球落下打击的次数也少，研磨面积也小，但每个球的打击力大。装入磨矿机的各种直径钢球的配比，应做到既有足够的冲击力，能刚好打碎给料中的粗矿粒，又有较多的打击次数和较强的研磨作用，以细磨较细的矿粒。确定最初装入磨矿机中不同直径钢球的比例，有如下两种常用方法。

第一种方法：根据给料（闭路磨矿时包括原给矿和返砂）的粒度组成，扣除已达到要求磨矿细度的细粒级后，将剩余的各粗粒级质量换算成占粗粒级总质量的比例，然后按表2-5中的经验数据确定磨碎各粒级物料需要的相应球径，使各种直径的钢球的质量分数大致等于该粒级物料的质量分数。表2-5所列的某铜矿选矿厂磨矿机最初装球比例就是按这种方法确定的。

表2-5 某铜矿选矿厂最初装球配比情况

总给矿扣除-0.2mm粒级后的筛分粒级/mm	各级别质量分数/%	累积质量分数/%	适宜的相应球径/mm	各种球径质量分数/%	各种球径累积质量分数/%
8.0~12.0	24.8	24.8	100	25	25
5.0~8.0	17.1	41.9	80	20	45
1.2~5.0	22.6	64.5	60	20	65
0.2~1.2	35.5	100.0	40	35	100
合计	100.0	—	—	100	—

第二种方法：按给料最大粒度选定最大直径钢球以及若干种尺寸钢球后，再按加入各种尺寸钢球的质量与其直径成比例的原则，计算各种直径钢球的质量分数。

依次加入直径为90mm、80mm、70mm和60mm的钢球，根据不同尺寸钢球的质量与球径成正比的关系，计算得到表2-6所列的结果。

表2-6 磨矿机最初装球配比计算结果

钢球直径/mm	直径比	各直径的质量分数/%	各直径钢球质量/t
90	1.50	30.0	7.20
80	1.33	26.6	6.38
70	1.17	23.4	5.62
60	1.00	20.0	4.80
合计	5.00	100.0	24.00

无论按哪一种方法来确定磨矿机最初装球制度，各种尺寸钢球的组成是否适宜，还要通过磨矿结果来判断。如果返砂中发生了接近于溢流粒度的细粒级的积聚，就说明小球不够；反之，如果发生了某一粗粒级的积聚，就说明大球不足。

c 磨矿介质的装入量

由理论分析得知，当磨矿机的直径、长度及转速率一定时，在装球率不超过50%的范围内，磨矿机的有用功率随装球率的增加而增大，生产能力亦随之而提高。但不同的转速有不同的极限装球率，在临界转速以内操作时，球磨机的装球率通常为40%~50%；半自磨机的装球率约低10%，一般为35%~45%。

如果磨矿机的装球率φ已定，则最初装球量

$$G=\varphi V\delta \tag{2-1}$$

式中 V——磨矿机的有效容积，m^3；

δ——钢球的堆密度，t/m^3。

至于现场生产中的磨矿机，其介质装填率可用实测法和功耗法来确定。

实测法是在磨矿机停机清理矿石后，通过测量介质表面到筒体最高点的垂直距离，如图2-10所示，然后按式（2-2）计算充填率（%）。

$$\varphi=50-127\frac{b}{D} \tag{2-2}$$

式中 D——磨矿机内径，mm；

b——介质表面到筒体中心的距离，$b=a-D/2$，mm；

a——介质表面到圆筒最高点的距离，mm。

功耗法是当磨矿机其他条件不变时，利用磨矿功耗与介质质量在一定范围内成比例变化的关系来确定充填率的一种方法。介质增多，磨矿机驱动电机的电流（电压不变时）随之增大，当介质充填率达到某一适宜值时，电流增至最大值；此后若再增加介质质量，磨矿机驱动电流反而开始下降。因此，根据磨矿机驱动电流的变化即可判断介质充填率的高低。但应注意，要利用这种方法来显示磨矿机中介质充填率的变化情况，必须首先准确测定和绘制磨矿机驱动电机电流（或功率）与充填率之间的关系曲线，否则会影响实际应用的可靠性。

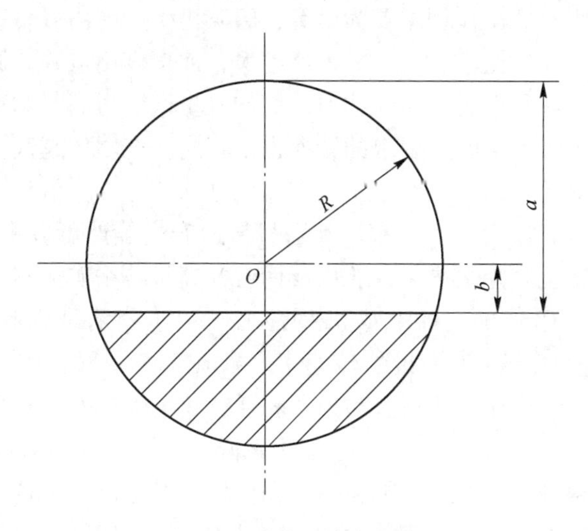

图 2-10　球荷充填率计算图

d　磨矿介质的合理补加

磨矿介质在磨碎物料的过程中，自身也在不断地被磨损，尺寸较大的逐渐变成较小的，最后完全被磨耗掉或变成碎块从磨矿机中排出。为了使磨矿机在磨矿过程中保持不同尺寸介质始终有适宜的比例，并使介质充填率不变，必须每天都要给磨矿机补加一定尺寸和质量的新介质，以补偿磨耗去的介质量。

影响磨矿介质磨损速度的因素很多，在介质大小和质量、磨矿机规格和转速、衬板材质和形状、矿石性质和磨矿细度、磨矿方式和操作条件等不同的情况下，介质磨损速度差别很大，磨碎单位物料的介质耗量也不同。物料硅质含量高、可磨性差、磨碎粒度又细时，介质磨损度就高。湿磨介质耗量比干磨要高，这是因为湿磨过程中介质除了受到冲击和磨剥作用之外，还要受到溶蚀作用。有的选矿厂为了简便，只给球磨机补加一种大直径的钢球。这种补加方法难以保证磨矿机内钢球的粒度组成符合要求，往往会使大球偏多、小球偏少，磨矿效果不好。实践表明，按适当比例补加几种尺寸的钢球，可以提高磨矿效果。为了做到合理补加钢球，现场要定期检查球磨机的球荷总量及它的粒度组成，了解各种尺寸钢球的磨损情况，以便在生产中不断校正补加钢球的质量和比例，逐步达到使磨矿机中钢球的粒度组成保持近似于最初装球时的粒度组成。磨损后形状不规则的碎球残留在磨矿机中太多时，会影响磨矿效果，应定期清除。清理周期随球的材质而异，铁球一般 2 ~ 4 个月要清理 1 次，而钢球则为 6 ~ 10 个月。

B　磨矿机转速的影响

当其他条件不变时，磨矿介质在筒体内的运动状态取决于磨矿机的转速。介质的运动状态不同，磨矿效果也不一样。磨矿机转速较低时，介质以泻落运动为主，冲击作用较小，磨矿作用主要为研磨，磨矿机生产能力较低，适于细磨；磨矿机转速较高时，介质抛落运动方式占比增大，冲击作用较强，磨矿作用以冲击为主，磨剥其次，有利于粉碎粗粒物料，磨矿机生产能力高。磨矿机的充填率不同，有用功率达到最大值时所要求的转速也不相同。充填率越高，为了保证最内层球也能进行抛落运动，要求磨矿机的转速也越高，这样才能使有用功率达到最大值及使磨矿机具有最大的生产率。球磨机转速升高虽然可以提高矿石处理量，但电耗、衬板消耗也会随之增加，所以反而会提高每吨精矿成本，得不偿失。

根据介质运动理论确定的磨矿机适宜工作转速分别是临界转速的76%和88%，而我国目前制造的球磨机的转速率多数在75%~80%，比理论计算值稍低。在实际生产中，磨矿机的适宜转速还要通过长期生产对比试验来确定。在进行对比时，不仅要对比磨矿机生产能力的高低，还要对比电耗、钢耗及经济效益。当然，如果遇到磨矿机生产能力达不到设计产量定额时，适当提高磨矿机的转速，仍不失为提高选矿厂处理能力的有效措施之一。但磨矿机转速提高后，振动及磨损加剧，必须注意加强管理和维修。反之，如果磨矿机生产能力有富余，则应适当降低其转速，以减少能耗和钢耗，降低磨矿成本。

C 磨矿浓度的影响

磨矿浓度是指正常工作时磨矿机中矿浆的浓度，既可以用矿浆中固体的质量分数来表示，也可以用矿浆中液体的质量与固体的质量之比来表示（简称“液固比”）。磨矿机的排矿浓度就是它的磨矿浓度。

磨矿机中矿浆浓度大小对介质的磨矿效果、矿浆自身的流动性能及矿粒的沉降速度都有直接影响。磨矿浓度较高时，介质在矿浆中受到的浮力较大，其有效密度降低，下落的冲击力减弱，打击效果较差。但浓矿浆中固体矿粒的含量较高，矿浆黏度较大，介质周围黏着的矿粒也多，介质打击和研磨矿粒的概率增大，磨矿效率提高。这是因为磨矿机的细磨作用主要取决于磨矿介质抛落时的研磨震裂作用。不过，磨矿浓度也不能太高，否则将大大降低介质的冲击力和研磨效果，降低磨矿效率；而且矿浆太浓，矿浆流动性差，粗粒物料沉降速度慢，溢流型球磨机容易跑出粗砂，格子型球磨机则可能发生堵塞而造成“胀肚”。磨矿浓度较低时，介质在矿浆中的有效密度较大，下落时冲击力较强，但矿浆黏度较低，黏附在介质表面的矿粒较少，研磨效率降低，且介质和衬板的磨耗增加。同时，矿浆太稀时，在溢流型球磨机中细矿粒也容易沉降，导致过粉碎较多。因此，矿浆浓度过大过小都不好，适宜的磨矿浓度要根据矿石性质、给矿和产品粒度及介质特性等来确定。一般来说，在处理给矿粒度粗、硬度高和密度大的矿石时，磨矿浓度应高一些；而在处理给矿粒度细、硬度低及密度小的矿石时，磨矿浓度应低一些。当磨矿机产品细度在0.15mm以上或磨碎密度较大的矿石时，磨矿浓度通常应控制在75%~82%；而当磨矿机产品细度在0.15mm以下或磨碎密度较小的矿石时，磨矿浓度宜控制在65%~75%。

生产现场如采用人工测量矿浆浓度，一般都用浓度壶法，其原理如下。

设待测矿浆的质量为Q，密度为Δ，则矿浆的体积为Q/Δ；矿石的密度为δ，矿浆浓度（质量分数）为P，则矿浆中矿石的体积为QP/δ，水的体积为$Q(1-P)$。于是可得

$$\frac{QP}{\delta}+Q(1-P)=\frac{Q}{\Delta} \tag{2-3}$$

整理后矿浆浓度（质量分数）为

$$P=\frac{\delta(\Delta-1)}{\Delta(\delta-1)}\times 100\% \tag{2-4}$$

若所用浓度壶的自质量为G(g)、体积为V(cm^3)，装满矿浆后称出总质量为M(g)，则矿浆密度为

$$\Delta=(M-G)/V \tag{2-5}$$

将式（2-5）代入式（2-4）得

$$P=\frac{\delta(M-G-V)}{(\delta-1)(M-G)}\times 100\% \tag{2-6}$$

生产中为便于操作，常变换成如下形式：

$$M=\frac{V\delta}{(P+\delta)-\delta P}+G \tag{2-7}$$

在浓度壶容积V、自质量G和矿石密度δ都是已知的条件下，可根据不同的P值计算出相对应的M值，列成矿浆浓度换算表挂在磨矿岗位上。操作工可依据称得的M值，从表上查出矿浆浓度（质量分数）。

矿浆浓度（质量分数）P与矿浆液固比R可按式（2-8）互算：

$$R=(100-P)/P \tag{2-8}$$

或

$$P=\frac{1}{R+1}\times 100\% \tag{2-9}$$

例：若已知矿浆液固比$R=3$，则按式（2-9）算出矿浆浓度（质量分数）为：

$$P=\frac{1}{3+1}\times 100\%=25\% \tag{2-10}$$

D 磨矿循环中返砂比和分级效率的影响

磨矿动力学理论分析已经指出，闭路磨矿循环中分级效率和返砂比的高低对磨矿机的生产能力和磨矿产品质量有很大影响，即分级效率或返砂比越高，磨矿机生产能力越大，产品中过粉碎微粒越少。这里要强调的是，在分析分级效率和返砂比对磨矿机工作的影响时，必须把分级效率与返砂比结合起来考虑，才能取得预期的效果。因为在其他条件一定时，分级效率与返砂比的关系是分级作业给矿细度的函数。分级给矿细度发生变化，分级效率和返砂比也随之而改变。在细

粒给矿的情况下，分级效率能达到很高的值，但这要在返砂比很低时才有可能；而当给矿粒度变粗时，返砂比增大，分级效率则降低，两者的变化相反。某个参数值提高，对磨矿有利；而另一个参数值降低，对磨矿又不利。结果互为消长，收效甚微。因此，任何一个闭路磨矿循环，都有其适宜的返砂比和相应的分级效率，且两者之间要保持适当的平衡，磨矿生产能力才能达到最高值。目前选矿厂仍广泛使用的螺旋分级机和水力旋流器，分级效率都不高，一般为40%～60%，故闭路磨矿的返砂比以200%～350%为宜。即使在改进分级设备性能和分级工艺，将分级效率大幅度提高后，比较适宜的返砂比也应是100%～200%。

E　给矿速度的影响

给矿速度是指单位时间内给入磨矿机的矿石量。给矿速度太低，矿量不足时，磨矿机内介质将空打衬板，而导致衬板磨损加剧、产品过粉碎严重；给矿速度太快，矿量过多时，磨矿机将过负荷，出现排出钢球、吐出大矿块及涌出矿浆等情况，磨矿过程遭到破坏。为了使磨矿机有效地工作，应当做到给矿速度适中、均匀和连续，给矿粒度组成稳定。磨矿机给矿量的测定，我国大多数选矿厂用的是皮带秤，新设计的选厂则多用电子秤。如没有装设计量装置，可通过定期从给矿皮带上截取单位长度的矿料来称重测量。

F　助磨剂的影响

在磨矿过程中添加某些化学药剂可以提高磨矿效率、降低磨矿能耗和钢耗，已为许多试验结果所证实，是近年来很受重视的一种磨矿新工艺。如苏联某选矿厂在球磨机中添加常用的碳酸钠水溶液，可以使钢球消耗降低12%～13%，球磨机生产能力提高10%～11%。

根据助磨剂对磨矿环境或物料本身的效应，可将它分为脆化剂（如水）、分散剂（如醇类有机溶液和无机盐类）和表面活性剂（如极性分子的有机试剂）。

2.2.4　磨矿流程的考查与分析

磨矿流程考查的目的是对磨矿分级流程中各作业的工艺条件、技术指标、作业效率进行全面的测定和考查。通过对流程中各产物的数量、浓度及粒度测定，进行计算和综合分析，从中发现生产中存在的问题，以便提出技术改进措施，从而把选矿技术经济指标提高到一个新的水平。

2.2.4.1　磨矿流程考查的内容

（1）进厂原矿性质（各矿山、坑口的供矿比例，含水量、含泥量及粒度特性）。

（2）磨矿流程中各产物的矿量Q、产率γ、浓度和细度（粒级组成）的测定和计算，绘制磨矿分级数质量流程图。

（3）磨矿机和分级设备的生产能力、负荷率、效率等。

磨矿是矿石选别前的最后加工作业，它与选别作业是紧密结合在一起的。在现场多数通过与选别流程一起考查来分析其合理性，但也可以根据具体情况进行单独考查，或针对生产中的某一薄弱环节进行一项或几项局部考查。

2.2.4.2　*磨矿流程考查的方法和步骤*

磨矿流程考查的方法和步骤与碎矿、选别工艺流程的考查基本相似。

A　考查前的准备工作

(1) 由于考查的工作量大，需要的人力多，在考查前必须明确考查的目的和内容，充分做好人力和物力的准备。

(2) 对采场出矿和碎矿最终产品粒度进行调查，以保证考查期间磨机给矿粒度具有代表性。

(3) 对磨矿分级设备的运转及完好情况进行调查，需要维修的应及时安排维修，以保证取样过程中设备运转正常。

(4) 在各取样点安排取样人员、取样工具及盛样器皿等。

B　取样和测定

(1) 取样点的布置。取样点的多少和样品的种类［如筛（水）析样、水分样、质量样、化学分析样、岩矿鉴定样］是由考查的内容决定的，一般磨矿全流程考查取样点的布置如图2-11所示。若只进行局部考查，取样点可以少些。例如，对磨矿最终产品的粒度进行考查，只需对最终产品取筛析样即可。

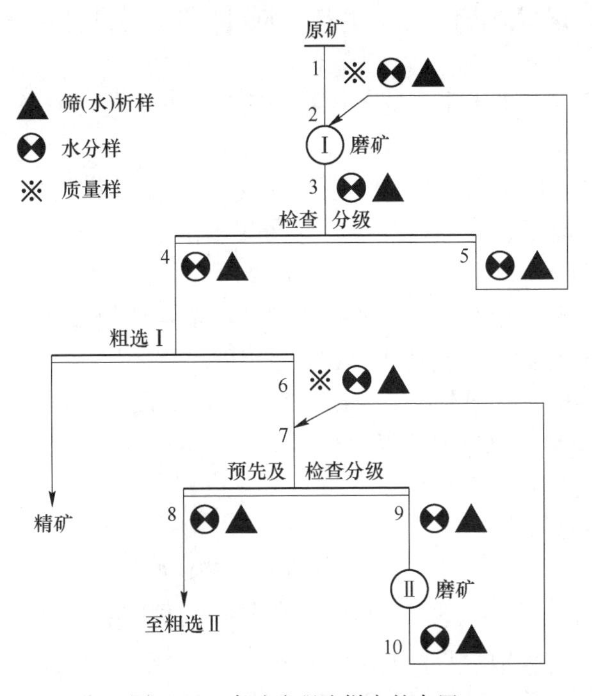

图2-11　磨矿流程取样点的布置

（2）取样量。为了使试样具有代表性，试样的最小质量要计算确定。

（3）取样时间和取样次数。取样时间一般为4～8h。取样次数可按理论计算确定，也可根据实践经验确定，一般每隔10～20min取样1次。若试样质量要求大，可每隔5min取样1次。对浓度稀的矿浆取样，也可缩短取样的间隔时间。若在取样时间内发生设备故障或停电断矿等情况，应及时处理和详细记录，如取样时间不足正常班的80%，则样品无代表性，应重新取样。取好的样品要妥善保管，贴上标签，以免混错。

（4）取样方法。不同取样点的取样方法确定后，每次的取样方法应相同，取样量也应基本相等。磨矿工段取样一般使用刮取法和横向截流法两种。其中，横向截流法多用于矿浆的取样（磨机排矿、分级机溢流、分级机返砂的取样），它是利用取样勺在矿浆流速不太大的地方垂直于矿浆流动方向截取。

（5）原矿计量。磨矿机的原矿处理量是考查磨矿流量的重要指标之一，也是考查磨矿机效率的必要数据。

2.2.4.3 磨矿流程考查的计算

A 数质量流程计算

计算前要先把原矿质量、原矿及各作业产品的计算粒级（-0.074mm）含量（质量分数）、矿浆浓度等所考查测定的数据填入流程，并分析其能否反映作业顺序规律，若与客观实际发生矛盾时，则应找出原因（取样制样等），给予纠正，使其符合客观规律后，方可进行计算，计算方法是根据选矿作业平衡原理。即

（1）矿量平衡。进入作业的各产物的质量之和应等于该作业排出的各产物的质量之和。

（2）粒级和金属平衡。进入作业的每一组分（如计算粒级含量（质量分数）或金属含量（质量分数））的数量和，应等于该作业排出产物中该组分（计算粒级含量（质量分数）或金属含量（质量分数））的数量和。

（3）水量平衡。进入作业的水量之和（包括各产物带来的水量与补加给作业的水量），应等于该作业中排出产物所带出的水量之和。

（4）矿浆体积平衡。进入作业的矿浆体积应等于该作业排出的矿浆体积。

B 磨矿分级设备效率计算等

a 半自磨机磨矿效率计算

半自磨机磨矿效率：

$$q_{-0.074\mathrm{mm}} = Q(\beta_2 - \beta_1)/V \tag{2-11}$$

式中 $q_{-0.074\mathrm{mm}}$——磨矿机单位时间、单位容积所磨出的-0.074mm（-200目）级别的矿料量，t/(h·m^3)；

Q——单位时间内磨矿机所处理的矿料量，t/h；

β_2，β_1——磨矿机磨矿产物和给矿中 -0.074mm（-200 目）级别矿料的含量（质量分数）；

V——半自磨机的有效容积，m^3。

b 球磨机磨矿效率计算

球磨机磨矿效率：

$$q_{-0.074mm} = Q(\beta_2 - \beta_1)/V \tag{2-12}$$

式中 Q——单位时间内磨矿机所处理的矿料量，t/h；

β_1——水力旋流器返砂中某指定粒级的含量（质量分数），%；

β_2——磨矿产品中某指定粒级的含量（质量分数），%；

V——球磨机的有效容积，m^3。

c 水力旋流器返砂比计算

水力旋流器返砂比：

$$C = \frac{\beta - \alpha}{\alpha - \theta} \times 100\% \tag{2-13}$$

式中 C——分级机的返砂比（循环负荷率），%；

α——分级机给矿（半自磨 + 球磨机排矿）中某指定粒级的含量（质量分数），%；

β——分级机溢流中某指定粒级的含量（质量分数），%；

θ——分级机返砂中某指定粒级的含量（质量分数），%。

d 水力旋流器分级效率计算

水力旋流器分级效率：

$$\eta = (\alpha - \theta)(\beta - \alpha)/[\alpha(\beta - \theta)(100 - \alpha) \times 100\%] \times 100\% \tag{2-14}$$

式中 η——分级机的分级效率，%；

α——分级机给矿（磨矿机排矿）中某指定粒级的含量，%；

β——分级机溢流中某指定粒级的含量（质量分数），%；

θ——分级机返砂中某指定粒级的含量（质量分数），%。

3 浮 选 作 业

3.1 浮选基本原理

浮选是一种效率高的分离过程。各类浮选药剂的发展与在生产实践中的具体使用，以及浮选工艺的新发展，使浮选效率大为提高，使浮选的应用范围日益扩大。另外由于浮选设备类型增多，设备不断更新且日益大型化，浮选厂的规模越来越大，处理矿量日趋增多。

浮选法的优势如下：

（1）应用范围广，适应性强。浮选法几乎可以应用于各种有色金属、稀有金属及非金属等各个矿产部门，在化工、建材、环保、农业、医药等领域也得到了广泛应用。

（2）分选效率高。适于处理品位低，嵌布粒度细的矿物。

（3）有利于矿产资源的综合回收。可进一步处理其他选矿方法得到的粗精矿、中矿或尾矿，以提高精矿品位、回收率及综合回收其中的有用成分。

浮选法的不足如下：

（1）使用各类药剂，易造成环境污染。

（2）需要较细的磨矿粒度。

（3）成本高，影响因素多，工艺要求较高。

3.1.1 矿物表面的润湿性与可浮性

浮选是在充气的矿浆中进行的。矿浆是一种三相体系，其中矿粒是固相，水是液相，气泡是气相，各相间的分界面称为相界面。矿物浮选是在气-液-固三相体系中进行的一种复杂的物理化学过程，它是在固、气、液三相界面上进行的。为使不同矿物在浮选过程中得到有效分离，必须使它们充分体现其表面性质的差异，其差异越大，分选越容易。而润湿是矿粒与水作用时，矿粒表面所表现出的一种最基本的现象。

不同矿物表面的疏水性和亲水性存在差异，即其润湿程度各不相同，如图 3-1 所示。

由图 3-1 可以看出，矿物的上表面是空气中水滴在矿物表面的铺展形式，从左到右水滴在矿物表面越来越难以展开而逐渐呈球形，说明从左到右，矿物表面

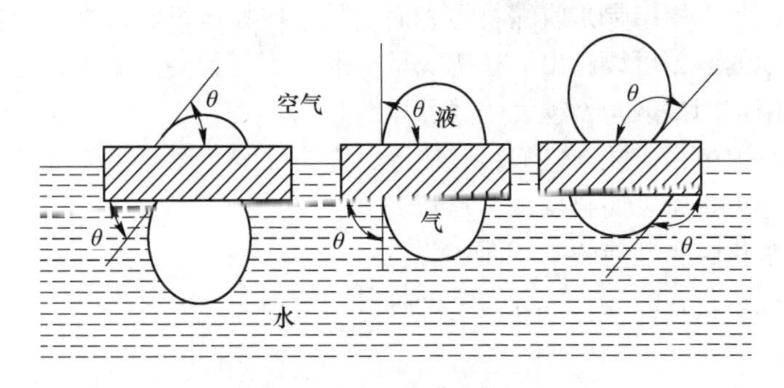

图 3-1　不同矿物表面润湿程度

的疏水性逐渐增强，亲水性逐渐减弱；矿物的下表面是水中的气泡在矿物表面附着的形式，从左到右气泡逐渐在矿物表面展开而呈扁平状，气泡的形状正好与水滴的形状相反，说明气泡在矿物表面展开并与矿物表面结合得越来越牢固，附着程度也越来越强。水和气泡在矿物表面的不同表现，可以简单地概述为：亲水矿物“疏气”，而疏水矿物则“亲气”。

矿物表面的亲水或疏水程度，常用接触角来衡量。固体表面的水滴或气泡在矿物表面附着，在某一瞬间，固、液、气三相达到平衡，此时固-液-气三相的接触周边（接触线）被称为“润湿周边”。在润湿周边上任意一点，沿液-气界面（水滴或气泡）作切线，与固液界面所形成的夹角（包含液体部分的夹角），称为平衡接触角，简称接触角，用 θ 表示，如图 3-2 所示。以后的讨论中提到的接触角，除注明外，均指平衡接触角。

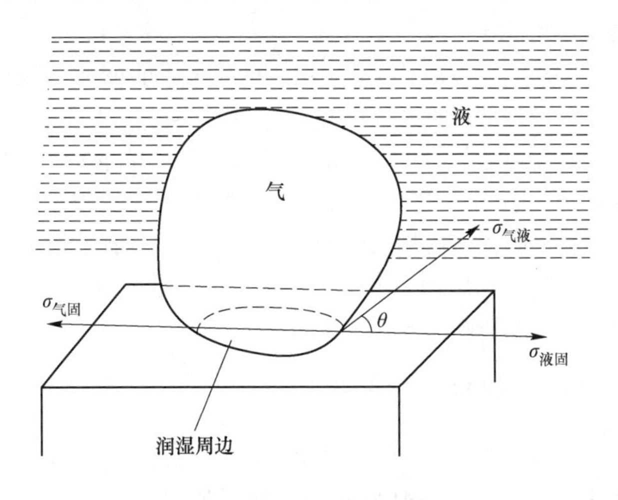

图 3-2　润湿周边与接触角

任何物体的表面都存在着表面张力，表面张力的方向总是垂直于物体表面指向物体内部，其作用结果是收缩物体表面面积，使物体表面自由能最低，状态最稳定。如杯中的酒，可以超出酒杯边缘呈拱形，不至于马上溢出，这就是酒的表面张力的作用。即接触角 θ 越大，其可浮性越好。

在浮选过程中，矿粒与气泡相互接近，先排除隔于两者夹缝间的普通水。由于普通水的分子是无序而自由的，所以易被挤走。当矿粒向气泡进一步接近时，矿物表面的水化膜受气泡的挤压而变薄。

矿粒向气泡附着的过程可分为三个阶段，如图 3-3 所示。

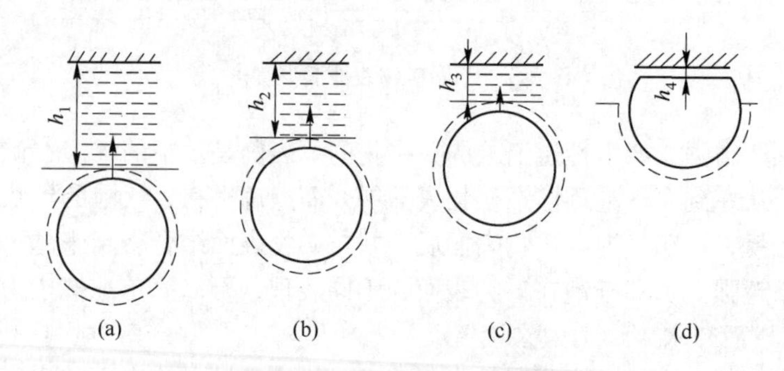

图 3-3　矿粒向气泡附着的三个阶段示意图

第一阶段（a)—(b）为矿粒与气泡的相互接近。在浮选过程中，由于浮选机的机械搅拌及充气作用，矿粒与气泡不断发生碰撞而相互接近。据观察测定，矿粒与气泡的附着并不是碰撞一次就可实现的，而是需要碰撞数次到数十次才能实现。然后，矿粒与气泡间的普通水层被逐渐挤走，直至矿粒表面的水化层与气泡表面的水化层相互接触。

第二阶段（b)—(c）为矿粒与气泡之间水化膜的变薄与破裂。矿粒表面与气泡表面的水化层受外加搅拌及充气等的作用而逐渐变薄，薄至一定程度后成为水化膜。当矿粒与气泡越靠越近时，彼此的水化膜越来越薄，直至破裂。

第三阶段（c)—(d）为矿粒在气泡上的附着。矿粒与气泡接触后，从矿物表面排开大部分水化膜，接触周边逐渐展开。但是，在矿物表面还留有极薄的残余水化膜。残余水化膜与矿物表面吸附牢固，性质似固体，难以除去。据认为，残余水化膜的存在，不影响矿粒在气泡上的附着。

3.1.2　矿物的氧化和溶解与可浮性

矿物的氧化和溶解对浮选过程有重要影响，尤其是氧与重金属 Cu、Pb、Zn、Fe、Ni 等硫化物的作用，影响特别显著。在浮选条件下，氧对矿物与水及药剂的相互作用影响也很大，矿浆中氧的含量能调整和控制浮选，改善或恶化硫化矿物的浮选效果。

在水、气介质中硫化矿的氧化速率顺序是：方铅矿 > 黄铜矿 > 黄铁矿 > 磁黄铁矿 > 辉铜矿 > 闪锌矿。

在碱性介质中硫化矿的氧化速率顺序是：黄铜矿 > 黄铁矿 > 斑铜矿 > 闪锌矿 > 辉铜矿。

充气搅拌的强弱与时间长短，是浮选操作控制的重要因素之一。例如，短期适量充气，对一般硫化矿浮选有利；长期过分充气，磁黄铁矿、黄铁矿可浮性都会下降。

调节矿物的氧化还原过程，可以调节矿物的可浮性，目前采用的措施有：

（1）调节搅拌调浆及浮选时间；

（2）调节搅拌槽及浮选机的充气量；

（3）调节搅拌强度；

（4）调节矿浆的 pH 值；

（5）加入氧化剂（如高锰酸钾、二氧化锰、双氧水等）或还原剂（如 SO_2）。

3.1.3 矿物表面的电性与可浮性

浮选药剂通过在固液界面的吸附来改变矿物表面性质，吸附常受矿物表面电性的影响。通过调节矿物表面的电性，还可调节矿物的抑制、活化、分散和凝结等。

浮选是在气、液、固三相中进行的，因此，吸附是矿物、药剂、气泡相互作用的主要形式，伴随着整个浮选过程。例如，当向矿浆中加入药剂时，一些药剂（如捕收剂、调整剂）便吸附在固 - 液界面，直接影响矿物表面的物理化学性质，从而调节矿物的可浮性，实现分选矿物的目的；还有一些药剂（如起泡剂）吸附在气 - 液界面上，降低了气 - 液界面的自由能，防止气泡兼并破裂，提高了气泡的稳定性和分散度，促进了泡沫和矿物形成稳定的矿化泡沫层，使目的矿物得到有效回收。

3.2 浮选设备

浮选机是实现浮选过程的重要装置。矿石经过湿式磨矿后，已基本单体解离的矿物被调成一定浓度的矿浆，在搅拌槽内与浮选药剂充分调和后，送入浮选机，在其中通过充气与搅拌，使目的矿物向气泡附着，在矿浆面上形成矿化泡沫层，用刮板刮出或以自溢方式溢出，即为泡沫产品（精矿），而非泡沫产品自槽底排出。浮选机性能是影响浮选技术指标的一个重要因素。

3.2.1 浮选机的基本原理

浮选设备主要包括浮选机和辅助设备（搅拌槽、给药机等）。一般而言，浮选机大多属标准设备，浮选辅助设备大多属非标准设备。浮选机是直接完成浮选过程的设备，其工作原理自下而上大体划分为搅拌区、分离区和泡沫区。其中分离区是矿粒向气泡附着形成矿化气泡的关键区域，此区域应保证有足够的容积和高度，并与搅拌区和泡沫区形成明显的界限，以利于矿物分选。

3.2.1.1 浮选机的基本功能和要求

浮选机和普通机器一样，除了要保证工作连续可靠、耐磨、省电，结构简单等良好的机械性能外，还要满足浮选工艺的特殊需要。因此，对浮选机有以下基本工艺要求。

A 良好的充气作用

浮选机必须保证能向矿浆中吸入（或压入）足量的空气，产生大量尺寸适宜的气泡，并使这些气泡尽量分散在整个浮选槽内。在浮选槽中空气弥散越细，气泡分布就越均匀，矿粒与气泡接触的机会也就越多，相应地浮选机的工艺性能也就越好，浮选的效率也越高。

B 搅拌作用

浮选机要保证对矿浆有良好的搅拌作用，使矿粒呈悬浮状态并能均匀地分布在槽内，保持矿粒与气泡在槽内的充分接触和碰撞。同时促使某些难溶性药剂的溶解和分散，以利于药剂和矿粒的充分作用。

C 循环流动作用

浮选机具有调节矿浆面、矿浆循环量、充气量的作用，可增加矿粒与气泡的接触机会，能保持泡沫区平稳和维持一定的泡沫厚度，既能滞留目的矿物，又能使夹杂的脉石脱落，产生“二次富集作用”。

D 能连续工作和便于调节

在浮选过程中，有时需要调节整个泡沫层的厚度及矿浆流量。在实际生产应用中，从给矿到浮出精矿及尾矿的排出，都是连续进行的过程，均需方便调节。

总之，无论哪种浮选机大致都由槽体、充气装置、搅拌装置、排出矿化泡沫装置等几部分组成。

3.2.1.2 浮选机的分类、结构及其发展

目前国内外浮选设备多达数十种，其分类方法也不一致，但实际生产中使用的浮选机按充气和搅拌方式不同，可分为以下4种基本类型：

(1) 机械搅拌式浮选机。这类浮选机靠机械搅拌器（转子和定子组）实现对矿浆的充气和搅拌。

(2) 充气机械式浮选机。这类浮选机靠机械搅拌器旋转来搅拌矿浆，而对矿浆充气是通过外部压入空气实现的。

(3) 充气式浮选机。这类浮选机的特点是既没有机械搅拌器也没有传动机构，它是靠外部风源送入压缩空气对矿浆进行充气和搅拌。可细分为单纯充气式

和气升式两类。

(4) 气体析出式（变压式）浮选机。这类浮选机是通过改变矿浆内气体压力的方法，使气体从矿浆内析出大量微泡，并搅拌矿浆。可细分为抽气降压式和加压式两类。

浮选机的分类见表3-1。

表3-1 浮选机的分类

<table>
<tr><th rowspan="2">类别</th><th rowspan="2" colspan="2">充气方式</th><th colspan="2">浮选机名称</th><th rowspan="2">特点</th></tr>
<tr><th>国内</th><th>国外</th></tr>
<tr><td rowspan="2">机械式</td><td colspan="2">机械搅拌式</td><td>XJK型（A型）、JJF型、XJQ型、SF型、JQ型、棒型及环射式浮选机等</td><td>FW型（法连瓦尔德）、WEMCO型（威姆科）、ΦMP型（米哈诺布尔）、WN型（瓦尔曼）等</td><td>优点：自吸空气和矿浆，不需外加空气装置；中矿返回时易实现自流，易配置和操作等。
缺点：充气量小，能耗高，磨损较大等</td></tr>
<tr><td colspan="2">充气搅拌式</td><td>CHF-X14m^3型、XJC型、XJCQ型、LCH-X型、KYF型、JX型等</td><td>AG型（阿基泰尔）、MX型（马克思韦尔）、丹佛D-R型、BFP型（萨拉）等</td><td>优点：充气量大，气量可调节，磨损小，电耗低。
缺点：无吸气和吸浆能力，配置不方便，需增加压风机和矿浆返回泵</td></tr>
<tr><td rowspan="4">空气式</td><td rowspan="2">气压式</td><td>单纯压气式</td><td>浮选柱</td><td>CALLOW型（卡洛）、MACLNTOSH型（马格伦托什）等</td><td rowspan="2">优点：结构简单，易制造，能耗低，单位容积处理量大。
缺点：充气器易结垢，不利于空气弥散，设有搅拌器，浮选指标受到一定影响</td></tr>
<tr><td>气升式</td><td>—</td><td>SW型（浅槽气升）、EKOF型（埃柯夫）等</td></tr>
<tr><td rowspan="2">气体析出式</td><td>真空式</td><td>—</td><td>ELMORE（埃尔莫尔）、COPPEe型（科坡）等</td><td rowspan="2">优点：充气量大，浮选速度快，处理量大，能耗低，占地面积小</td></tr>
<tr><td>加压式</td><td>XPM型（喷射旋流式）</td><td>WEDAG型（维达格）、DAVCRA型（达夫克勒）等</td></tr>
</table>

3.2.1.3 浮选机的充气及搅拌原理

矿浆充气和气泡矿化是评定浮选机工作效率的主要因素，这些指标越好，浮选分离越充分。浮选机中矿浆的充气程度取决于单位容积矿浆中的气泡含量、气泡在矿浆中的分散程度及分布均匀程度。气泡矿化的可能性、矿化速度及矿化程度，除与矿粒和药剂的物理化学性质有关外，还与浮选机中矿粒和气泡接触碰撞的条件有关。

A　气泡的形成

吸入或由外部风机压入浮选机的空气，通过不同的方法和途径形成气泡。

a　浮选机充气的途径和方法

（1）靠机械搅拌在混合区形成低于大气压的负压区，经管道吸入空气。

（2）经管道从外部压入压缩空气（如浮选柱），压缩空气通过多孔气泡发生器在矿浆中产生气泡。

（3）同时利用机械搅拌的真空抽吸作用和压气管道送入空气。

b　气泡的形成

（1）机械搅拌式浮选机的气泡形成。机械搅拌使矿浆产生了强烈的旋涡运动，导致矿浆的流速及流动方向不同而产生剪切作用，从而使吸入或压入的空气被“粉碎”成气泡。

（2）充气式浮选机的气泡形成。靠多孔介质将压入空气分割成气泡，气泡直径与介质孔隙半径的平方根成正比。因此介质孔径要适宜，才能达到好的充气效果。多孔介质一般由塑料、陶瓷、金属、床石或帆布等特制。

B　气泡的升浮

浮选机中既有大量的空气被“粉碎”成小气泡，也有小气泡兼并成大气泡，影响着气泡的负载能力、浮升速度和寿命。气泡在矿浆中是曲折上升的，且呈不规则的形状，当有表面活性物质（如起泡剂）存在时，气泡的升浮速度会降低。

气泡在矿浆中受浮力作用上升，其升浮速度影响着它在矿浆中的停留时间、它和矿粒碰撞的机会及其矿化后被尾矿带走的可能性。一般来说，气泡直径大，矿化气泡平均密度小，气泡上方静水压力小，矿浆浓度小，气泡上升速度就快。但是研究表明，矿浆浓度（质量分数）由35%增加到50%时，气泡上升的速度不减小反而增大，这是因为大气泡在高浓度（质量分数）矿浆中上升时形成的通道在短时间内难以被矿浆填充，所以其后气泡的上升速度增加。气泡上升到泡沫层下部附近时，受到泡沫层的阻碍，速度减慢。

3.2.2　充气搅拌式浮选机

3.2.2.1　结构和工作原理

充气搅拌式浮选机是机械搅拌和从外部压入空气并用的一种浮选机。特点是叶轮用于搅拌矿浆和分散气泡，所需空气由外部鼓风机来提供。国内目前使用的主要有 CHF-X14m^3 型浮选机，XJC 型、BS-X 型浮选机，它们的结构和工作原理基本相同。

这种浮选机的主要工作原理是：应用矿浆垂直循环和充入足够的低压空气来提高选别效率。浮选槽内矿浆的垂直循环产生上升流，消除了矿浆在浮选机内出现的分层和沉砂现象，增加了粗粒、重矿物选别的可能性。同时增加了矿粒与气泡的碰撞机会。当叶轮旋转时，叶轮腔中的矿浆与空气混合后被甩出，使叶轮叶片背面区域变成负压区，循环矿浆经循环筒与钟形物之间的环形孔进入负压区。低压空气经中心筒、钟形物进入被循环矿浆封住的叶轮腔，促进空气与矿浆在叶轮腔内的充分混合。混合物由于旋转叶轮产生的离心作用，被甩撞在盖板叶片上进一步使气泡细分而分散于矿浆中。在垂直循环上升流的作用下，气泡由槽底向上扩散。矿化气泡在槽子上部的平静区与脉石矿物分离，有用矿物被选入泡沫产品。

这种浮选机的充气作用不是靠旋转叶轮产生的负压区向槽中吸气，而是用鼓风机经中心筒向叶轮腔供气，其充气效率主要与充气量及通过叶轮循环的矿浆量有关。充气量可以根据需要进行调节，其最大充气量可达 $1.5 \sim 1.8m^3/(m^2 \cdot min)$。正因为这种浮选机不需要产生负压吸气，所以其叶轮转速较低，因而电机功率较小、电耗较低、机械磨损较轻。国内外所发展的大型浮选机很多属于充气机械搅拌类型。

充气搅拌式浮选机结构示意图如图 3-4 所示。

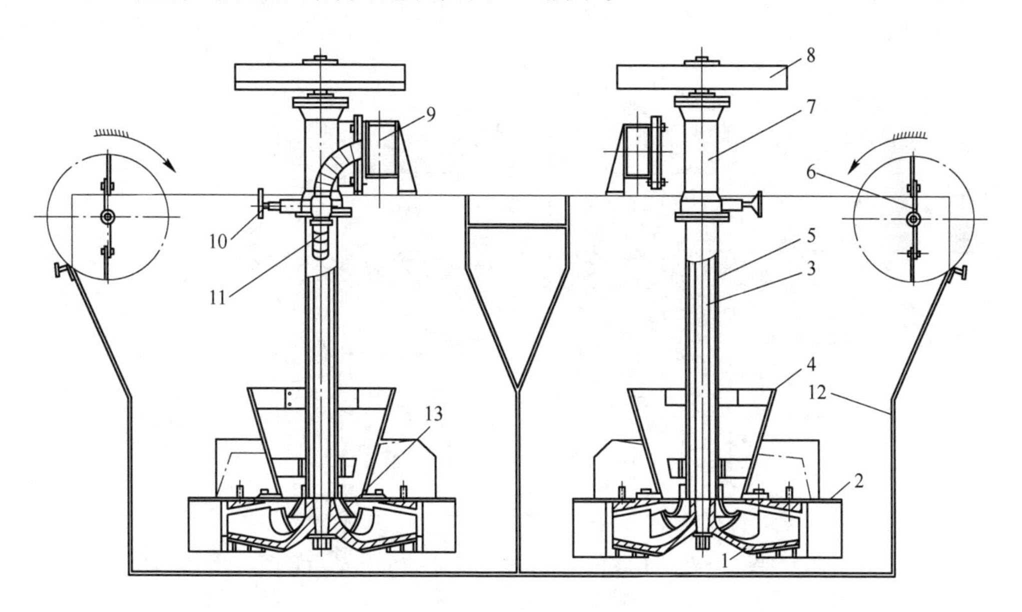

图 3-4　充气搅拌式浮选机结构示意图

1—叶轮；2—盖板；3—主轴；4—循环筒；5—中心筒；6—刮泡装置；7—轴承座；8—皮带轮；9—总气筒；10—调节阀；11—充气管；12—槽体；13—钟形物

3.2.2.2　主要特点

该浮选机是运用矿浆通过循环筒从中间向槽底做大循环，并压入足够的低压空气来提高效率，主要特点如下。

（1）设计为直流槽形式，矿浆通过能力大，浮选速度快。

（2）采用离心式鼓风机（压力为2.45×10^4Pa）供气，充气量大小根据工艺要求在一定范围内调节。

（3）占地面积小，单位体积质量轻。

（4）矿粒在槽内悬浮，减少了槽内粗颗粒的沉积和分层作用，可提高可浮粒级上限。

（5）叶轮只用于循环矿浆和弥散空气，深槽浮选机的叶轮仍可在低转速下工作，故备件磨损及消耗少，能耗低，矿浆液面也比较平稳，有利于设备大型化和提高生产能力。

（6）叶轮与盖板间的轴向和径向间隙都比A型浮选机大，且易于安装和调整。

（7）药剂消耗和能耗明显降低，选别指标有所提高。

气泡在机械搅拌式浮选机内的运动示意图如图3-5所示。

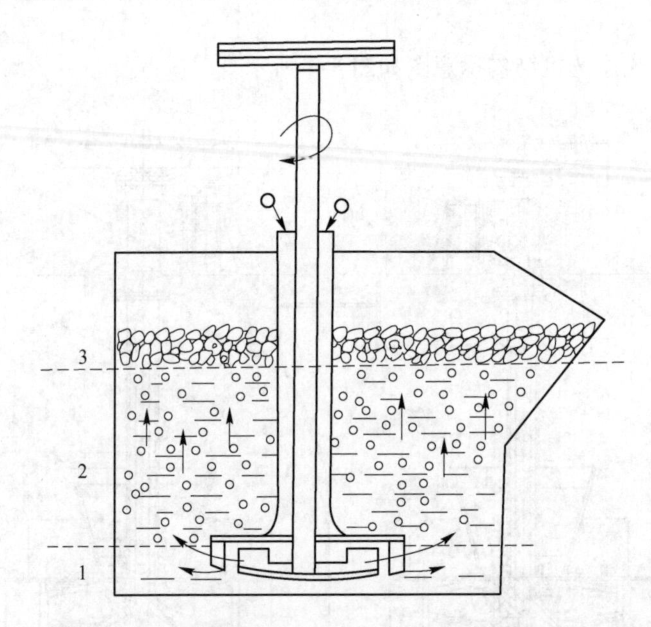

图3-5　气泡在机械搅拌式浮选机内的运动示意图

1—搅拌区；2—分离区；3—泡沫区

如图3-5所示，第一区是充气搅拌区。此区的主要作用是：对矿浆空气混合物进行强烈搅拌，粉碎气流，使气泡弥散；避免矿粒沉淀；增加矿粒和气泡的接触机会等。在搅拌区气泡跟随叶轮甩出的矿浆流作紊流运动，所以，气泡升浮的速度较慢。

第二区是分离区。在此区域内气泡随矿浆流一起上浮，并且矿粒向气泡附着，成为矿化气泡上浮。随着静水压力的减小，矿化气泡升浮速度逐渐增大。

第三区是泡沫区。带有矿粒的矿化气泡上升至此区域形成泡沫层。在泡沫层中，由于大量气泡的聚集，气泡升浮速度减慢。泡沫层上层的气泡会不断自发兼并，具有“二次富集”作用。

3.2.2.3 浮选机内矿浆的充气程度

矿浆的充气程度与许多因素有关，如浮选机的类型、充气器的结构、分散气流所采用的方法、搅拌强度、浮选槽的几何形状及尺寸、矿浆浓度和起泡剂种类及用量等，而且它们之间大部分是互相联系的。矿浆充气程度直接影响气泡的矿化过程、浮选速度、工艺指标和浮选药剂的用量。强化充气，可以使浮选速度加快，增加浮选机的生产能力，还可以在一定程度上减少药剂用量，特别是起泡剂的用量。进入浮选机的空气量机械搅拌式最少，充气搅拌式次之，而充气式最多。

空气在矿浆中的弥散程度。当充气量一定时，空气弥散越均匀，即气泡越小，所能提供的气泡总表面积越大，矿粒与气泡接触碰撞的机会越多，有利于浮选。但气泡又不能过小，以致不能携带矿粒上浮或升浮速度太慢。添加起泡剂可以改善气泡的弥散程度，加强搅拌可促进空气在矿浆中的弥散和在浮选机内的均匀分布。矿浆浓度对空气弥散程度也有一定影响。

气泡在矿浆中分布的均匀性。在机械搅拌式浮选机和充气搅拌式浮选机内，提高搅拌强度可以改善气泡分布的均匀性和弥散程度。

3.2.3 辅助设备

浮选前矿浆必须预先经过准备并用浮选药剂处理。而在浮选过程中，药剂需连续均匀地加入矿浆中，二者需充分作用，这是一项必须且重要的准备工序。它主要由搅拌桶（槽）及给药机来完成。

3.2.3.1 搅拌桶（槽）

A 结构及工作原理

矿浆的预先准备通常在搅拌桶（槽）中进行。搅拌桶是用钢板制作的圆筒形槽。搅拌桶的上部安装有传动机构，中央垂直轴的下端安装有搅拌叶轮（片）。

在中央垂直轴的外围有接收矿浆的套管（给矿管），套管上设有分管，矿浆在搅拌作用下，经过这些分管循环。搅拌后的矿浆由溢流口溢出至浮选机进行浮选。搅拌桶结构如图 3-6 所示，工作原理如图 3-7 所示。

搅拌桶的主要作用是保证矿浆与药剂有足够的接触与作用时间，同时还起到缓冲、分配、搅拌或提升矿浆的作用。它的生产能力由桶体容积、矿浆浓度及矿粒与药剂所需的接触搅拌时间决定。

B 分类

搅拌槽是浮选生产工艺中不可缺少的设备，根据用途不同可分为矿浆搅拌

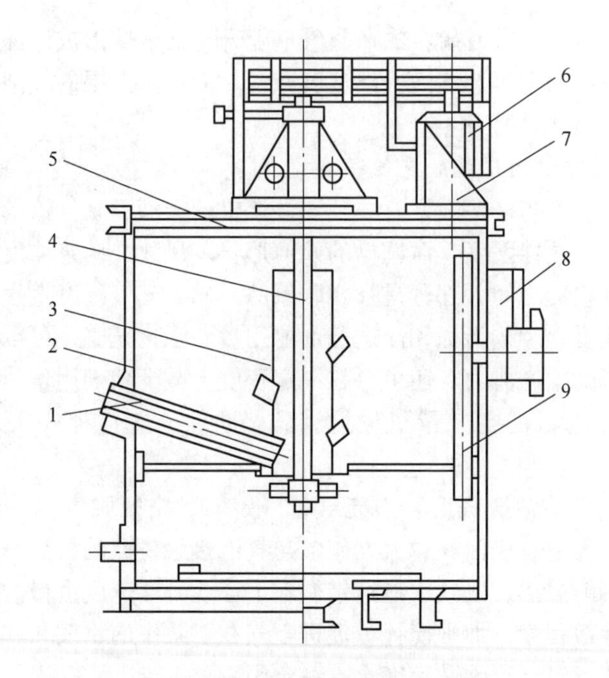

图 3-6　XB 型搅拌桶（槽）

1—给矿管；2—桶（槽）体；3—循环筒；4—传动轴；5—横梁；
6—电动机；7—电动机支架；8—溢流口；9—粗砂管

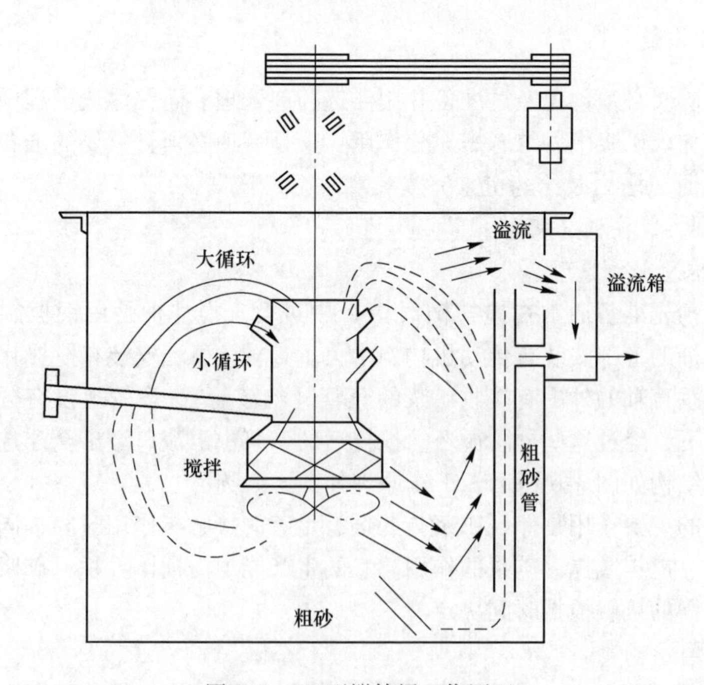

图 3-7　XB 型搅拌桶工作原理

槽、搅拌贮槽、提升搅拌槽和药剂搅拌槽等4种。

（1）矿浆搅拌槽。用于浮选作业前的矿浆搅拌，使矿粒悬浮并与药剂充分接触、混匀，为选别作业创造条件。

（2）搅拌贮槽（尾矿输送）。用于矿浆搅拌和贮存，不仅在选厂应用，其他行业也使用。在管道输送黑色、有色金属精矿及煤浆时，也需采用大型搅拌贮槽。

（3）提升搅拌槽。既有搅拌又有提升作用，提升高度可达1.2m，用于矿浆自流高差不足、或者量少不适宜泵送时的搅拌和提升。

（4）药剂搅拌槽。用于浮选厂配制各种药剂。

矿浆搅拌槽在浮选厂使用最多且广泛。根据搅拌矿浆性质及要求的悬浮程度，其结构略有差异。如一般强度的搅拌常采用单叶轮无循环筒结构，叶轮转速较低；需高强度搅拌的矿浆则采用循环筒结构或多叶轮结构，叶轮转速高；高浓度矿浆的搅拌则采用大直径或大循环筒式搅拌槽。

3.2.3.2 给药机

给药机用于浮选加药，常用的有以下几种。

（1）轮式给药机。常用于油类或油状药剂的给药。给药轮在装满药剂的容器内慢慢旋转时其表面黏附-薄层药剂，然后通过刮板刮入浮选槽内。调节给料轮的转速和刮板宽度可调整给药量。

（2）杯式给药机。常用于计量要求不高的加药场合。这种给药机是在一个装满药剂溶液的容器（箱子）内旋转的圆盘上安装给药杯，圆盘旋转时带动给药杯装药（下部）和给药（下部），给药量通过调节药杯的倾斜度或大小来确定。

（3）箕斗式给药机。类似于小型斗式提升给料机，斗子在浸入液态药剂中时装满药剂，上升至一定高度后倾斜给药。

（4）恒压虹吸式给药机。用于添加液体药剂，它是在装有恒量药剂的盛药容器中插入虹吸管，利用虹吸原理吸出药剂。

（5）自动给药机。将制备好的药剂给入容器，通过自动调节装置（如阀门）或专设机构进行计量给药。

（6）其他给药装置。选厂在实际生产中，自制或改进了多种给药装置，以满足生产需要。

3.2.4 浮选机的安装、运行、维护、工作指标及测定

3.2.4.1 浮选机的安装

浮选机本身具有良好的稳定性，所以安装时不需要特殊的基础，但必须保证溢流堰的水平。浮选机的安装通常按下述步骤进行（以A型浮选机为例）。

（1）安装前的检查。去掉包装物及防腐油，对照装箱单仔细检查各部件及零件，若发现缺陷应该设法消除。必要时应拆卸清洗、校正和调整，并检查零件是否完整。

（2）成套性部件的检查。浮选机安装前应检查部件套数，确定装机方案（左式或右式），以及根据浮选机总图检查零部件的数量等。

（3）浮选机安装偏差的检查。纵、横中心极限安装偏差为±3mm，且安装在同一条中心线上的浮选机，其中心直线度公差为3mm；标高极限安装偏差为±5mm，且安装在同一条中心线上的浮选机的相对标高差不大于3mm；纵、横向水平度安装公差为0.30/1000。

（4）槽体的装配和安装。槽体在机体长度方向应保持水平；成排安装的浮选机在槽体相连后溢流堰应保持水平，高差不大于5mm；成排安装的浮选机在槽体相连后各槽相对位置差不大于5mm；各槽体的连接采用焊接；槽体定位后应与安装垫板、平台或预埋件焊接在一起。

（5）竖轴部分检查及传动装配。转子（叶轮）与定子（盖板）间的径向与轴向间隙应符合图纸要求，以保证叶轮空转时的灵活性；竖轴传动装置安装时必须校正电动机中心线的垂直度，以及检查电动机三角皮带轮与主轴三角皮带轮的高度是否相符、成套三角皮带轮的张紧程度。

（6）泡沫刮板的安装。校正泡沫刮板的直线性及水平性；检查刮板轴承安装是否正确以防卡轴，刮板回转轴各轴承同轴度公差为ϕ2mm；刮板回转轴与溢流堰应平行，平行度公差为3mm；刮板叶片与溢流堰之间的间隙为4~6mm。在精矿产出量大、设备选型已确定时，可将精选区刮板加装成四刮板，以保证合格精矿快速刮出。

（7）中间室的安装。中间室与槽体及闸门与中间室之间应紧密无间隙；矿浆液面调整闸板安装后应转动灵活。

3.2.4.2 浮选机的运行

无负荷运转及试车注意事项：（1）转动竖轴，检查是否被卡；（2）检查矿浆液面调整装置是否灵活；（3）检查各润滑点油量；（4）检查竖轴及刮板转数是否符合设计要求；（5）装水检查槽体是否漏水；（6）装满清水试车，连续运转2h，无卡碰；轴承温升不超过40~50℃。

负荷试运转4h，矿浆浓度、给矿量、空气量、药剂用量均应符合工艺要求。

上述试运转成功后，则正常运转。

3.2.4.3 浮选机的维护

浮选机的日常维护工作如下：

（1）调整矿浆量。通过阀门来调整砂门的开启度，保证矿浆平衡，避免粗砂浆沉积在工作室中。

（2）调节液面高度。通过调节液面调整器来调整液面高度，保证刮板有效刮取泡沫，避免矿浆溢流到泡沫槽中。

（3）调节空气吸入量。根据矿浆量、叶轮和盖板的磨损程度、进入叶轮的矿量来调整空气吸入量。

（4）检查空气吸入量。空气吸入量对浮选机性能指标影响较大，而空气吸入量随叶轮和盖板的磨损而减少，故在生产中常用风速计检查浮选机空气吸入量。

（5）更换易损件。适时更换易损件；在更换叶轮和盖板时，应保证轴向间隙和装配质量。

浮选机的常见故障及处理方法见表3-2。

表3-2 浮选机常见故障及处理方法

机械故障引起的现象	发生故障原因	处理方法
局部液面翻花	1. 叶轮盖板间隙一边大、一边小； 2. 盖板局部被叶轮撞坏； 3. 稳流板残缺； 4. 管子接头松脱	1. 调整间隙； 2. 更换盖板； 3. 修复稳流板； 4. 紧固接头
充气不足或沉槽	1. 叶轮盖板磨损严重，间隙太大； 2. 叶轮盖板安装间隙大； 3. 电机转速不够，搅拌和吸气均弱； 4. 充气管堵塞或管口闸阀关闭； 5. 矿浆循环量过大或过小（管子接头石棉绳腐烂、接头松脱）	1. 更换盖板； 2. 重新调整间隙； 3. 检查电机转速； 4. 清理充气管或打开闸阀； 5. 关小或打开循环孔
吸力不够或前槽跑水	1. 进浆管磨损破漏； 2. 给矿管过大，进浆量小； 3. 中间室被粗砂堵塞； 4. 给矿管与槽壁接触不好（垫片损坏、螺钉松脱）	1. 更换进浆管； 2. 局部堵起给矿管； 3. 用水管冲洗中间室； 4. 修理
中间室或排矿箱排不出矿浆	1. 槽壁磨漏； 2. 给矿管堵塞或松脱； 3. 叶轮盖板损坏	1. 修补； 2. 检修； 3. 更换叶轮盖板
液面调不起来	1. 闸门丝杆脱扣、闸门底部穿孔或锈死； 2. 闸门调节过头（反向误调）	1. 更换、修理； 2. 闸门复位
抽吸槽刮泡量大、直流槽刮不出泡	多半因直流槽没打开循环孔闸门	打开闸门
精矿槽跑槽	如果药量适当，应该是管道被堵	疏通管道

续表 3-2

机械故障引起的现象	发生故障原因	处理方法
主轴上、下音响不正常	1. 滚珠轴承损坏； 2. 叶轮重量不平衡，主轴摆动，使叶轮盖板相碰撞； 3. 盖板破损； 4. 槽中掉进异物； 5. 主轴顶端压盖松动； 6. 叶轮盖板间隙过小	1. 更换轴承； 2. 检修叶轮； 3. 更换盖板； 4. 取出异物； 5. 紧固顶盖； 6. 重调间隙
轴承发热	1. 轴承损坏滚珠破裂； 2. 缺少润滑油或油质不好	1. 更换轴承； 2. 补加或换润滑油
主轴皮带轮摆动及支架摆动	1. 皮带轮安装不平； 2. 支架螺栓松动； 3. 座板没垫平； 4. 叶轮铸造时厚度不对称，一边重、一边轻	1. 重装或调整皮带轮； 2. 紧固螺栓； 3. 垫平座板； 4. 重新加工薄、重的一侧
电机发热，相电流增大	1. 槽内积砂过多； 2. 轴损坏； 3. 盖板及给矿管松脱； 4. 给矿管磨漏，循环量过大； 5. 空气筒磨穿，循环量过大； 6. 检修后主轴皮带轮与电机安装高低不平； 7. 电机单相运转	1. 加药，放砂； 2. 更换轴； 3. 上紧松脱部分； 4. 更换给矿管； 5. 更换空气筒； 6. 调整； 7. 检修

3.2.4.4 浮选机的使用与工作指标

浮选机的使用。浮选通常由几槽、几十槽浮选机的运转连接组成一个连续过程，有粗选、扫选、精选等作业。使用浮选机需满足设备和工艺要求，一般设备方面要求零部件齐全、完好、运转正常，工艺方面应按作业要求达到规定的充气量。

浮选机的开停车。开车时应先启动浮选机，后送入矿浆；待矿浆接近槽顶液面产生泡沫层时再开启刮泡装置。此外，开车时应先提高尾矿闸门，待矿浆量正常后再恢复至正常位置。停车时，待磨机停车且无矿浆进入浮选机时，再停浮选机。

浮选机的工作指标。浮选机的工作指标即浮选机的质量指标、数量指标和经济指标。

3.3 浮选药剂

在浮选过程中，细磨的矿石形成的矿浆经过有机或无机药剂处理、搅拌、充气后，易于与气泡黏附的矿物随气泡上浮，不与气泡黏附的矿物则留在矿浆中，达到分离或富集有用矿物的目的。在浮选工艺中使用的各种药剂总称为浮选药剂。

3.3.1 浮选药剂的分类

浮选药剂在浮选过程中起着主要作用，其绝大部分为有机化合物，这就决定了浮选药剂生产的性质大多属于基本有机合成工业的范畴。许多化工产品，包括烃类、醇类、卤素衍生物、羰基化合物、酸类、含氮及含硫的脂肪族有机化合物，与浮选药剂有着密切联系。根据浮选药剂的主要用途，基本上可以将其分为三大类，详见表3-3。

（1）捕收剂。其作用是改变矿物表面的疏水性，使浮游的矿粒黏附在气泡上。根据其作用性质又分为非极性捕收剂（烃）、阴离子捕收剂（如脂肪酸等）、阳离子捕收剂（如脂肪胺等）。

（2）起泡剂。其为分布在水气界面上的有机表面活性物质，如常用的松油、甲酚油、醇类等。

（3）调整剂。调整剂包括活化剂与抑制剂，用于改变矿粒表面的性质，影响矿物与捕收剂的作用；也用于改变水介质的化学或电化学性质，如改变矿浆pH值和其中捕收剂的状态。调整剂一般为无机化合物。

表3-3 浮选工艺中常见的药剂

药剂类型		药剂名称
起泡剂		松油、甲酚油、醇类等
捕收剂		黄药、黑药、白药、脂肪酸、矿物油等
调整剂	pH值调整剂	石灰、碳酸钠、硫酸、二氧化硫
	活化剂	硫酸铜、硫化钠
	抑制剂	石灰、黄血盐、硫化钠、二氧化硫、氰化钠、硫酸锌、重铬酸钾、水玻璃、单宁、可溶性胶质、淀粉、人工合成高分子聚合物
	其他	润湿剂、乳化剂、增溶剂等

但在实际应用过程中，许多有机浮选药剂常常具有起泡与捕收两种性质，一种药剂在一个过程中用作起泡剂，而在另一个过程中可能又以捕收剂的形式出现，如果按用途进行分类必然会造成混乱。因此，在讨论或介绍浮选药剂时，按有机化学的基本类别进行分类，或者按有机化合物的官能团进行分类，并适当考虑在浮选实践上的用途是比较合理的。

凡能选择性地作用于矿物表面，使矿物表面疏水的有机物质，称为捕收剂。国内对捕收剂命名结尾常带“药”字（如黄药、黑药等）。可以作为捕收剂的有机化合物很多，实践中常用的有黄药、油酸、煤油等。作为工业上适用的优良捕收剂应满足如下要求：

(1) 原料来源广，易于制取。

(2) 价格低，便于使用，即易溶于水、无臭、无毒、成分稳定、不易变质等。

(3) 捕收作用强，具有足够的活性。

(4) 有较高的选择性，最好只对某一种矿物具有捕收能力。

这类捕收剂的特点是分子内部通常具有二价硫原子组成的亲固基，同时疏水基分子量较小，对硫化矿物有捕收作用，而对脉石矿物如石英和方解石没有捕收作用，所以用这类捕收剂浮选硫化矿时，易将石英和方解石等脉石矿物除去。其主要代表有黄药、黑药、氨基硫代甲酸盐、硫醇、硫脲及其相应的酯类。

3.3.1.1 捕收剂

A 黄药类

这类药剂包括黄药、黄药酯等。

黄药（黄原酸盐）的学名是烃基二硫代碳酸盐。黄药在水中会发生解离、水解和分解，为了防止黄药分解失效，常在碱性矿浆中使用。低级黄药比高级黄药分解快。如果必须在酸性介质中进行浮选时，应尽量使用高级黄药。另外，黄药遇热容易分解，而且温度越高，分解越快。

黄药存放过久除分解失效外，还会部分被氧化成双黄药，也使其效果变差。为了防止黄药分解，要求将其贮存在密闭的容器中，避免与潮湿空气和水接触；并应注意防火和防曝晒；且不宜长期存放；此外，配制好的黄药溶液不宜放置过久，更不要用热水配制。

在有色金属矿浮选中，黄药是重要的浮选剂，它是最重要的巯基（—SH）捕收剂。它对硫化矿、贵金属都具有选择性捕收作用，对于氧化矿如白铅矿、硫酸铅矿、角银矿等也可以用黄药，特别是高级黄药进行浮选。

矿物浮选时，黄药主要消耗在三个方面：(1) 在浮游矿物上形成疏水性薄膜；(2) 在矿浆中形成必要的捕收剂浓度；(3) 与矿浆中存在的离子发生反应形成不溶性盐类。此外，矿泥大量存在时，由于其吸附作用，也要消耗一部分黄药。用黄药浮选矿物时，并不需要在矿物表面形成单分子层的完全覆盖。

浮选有色金属硫化矿时，黄药一般用量为 50 ~ 200g/t。在处理氧化铜矿或铅矿（如白铅矿、孔雀石）时，黄药的消耗量可以高于 1kg/t。在浮选铅锌矿、铜矿、铜锌矿、铅矿、锌矿及金矿石时，无论一次作业或多次作业，一般都用黄药为主要捕收剂。在加药顺序方面，一般都是先加调整剂，然后再加黄药。使用黄药时，一般要求矿浆呈弱碱性。

对闪锌矿而言，表面洁净的纯闪锌矿的可浮性很低，但是用铜盐活化后，表面很容易吸附铜离子而变得易浮；在高 pH 值矿浆中，硫化钠是防止黄药吸附或使黄药解吸的有效药剂。

方铅矿用低级黄药（如乙基黄药、丁基黄药）作捕收剂时很容易浮选；硫化铜矿、辉铜矿、铜蓝矿、硫钴矿、硫化银矿等都可以用低级黄药浮选；黄药还可以用于浮选天然金属矿物，例如金、铜等矿物。浮选金矿时最好混合使用黄药与黑药。

B 硫氮类

乙硫氮是白色粉剂，因反应时有少量黄药产生，工业品常呈淡黄色；易溶于水，在酸性介质中容易分解。乙硫氮会与重金属反应生成不溶沉淀，捕收能力较黄药强。它对方铅矿、黄铜矿的捕收能力强，对黄铁矿捕收能力较弱，选择性好，浮选速度快，用量比黄药少。对硫化矿的粗粒连生体也有较强的捕收性。用于铜铅硫化矿分选时，能够得到比黄药更好的分选效果。

黑药是硫化铅矿的有效捕收剂，其捕收能力较黄药弱，但选择性好。黑药与乙硫氮组合药剂在方铅矿的浮选中得到了广泛运用，配比为3∶7，捕收效果强。比如本矿业公司乙硫氮选铅工艺，在弱碱性条件下（粗选pH值控制在9以下，精选11以下）乙硫氮捕收能力充分发挥，回收效果提升明显。

3.3.1.2 起泡剂

起泡剂是浮游选矿过程中必不可少的药剂。为了使有用矿物有效地富集在空气与水的界面上，必须利用起泡剂造成大量的界面，产生大量泡沫。

在浮选过程中，气泡的大小要适当，不应过大或过小，当被浮矿粒较大、有用矿物密度较大时，气泡也应较大；泡沫的强度也应适宜，不应过强或过弱。加入起泡剂，可以防止气泡兼并，也可以适当地延长气泡在矿浆表面的存在时间。

松油醇是在我国应用最广泛的一种起泡剂，其在浮选作业中所形成的泡沫比其他起泡剂更为稳定。它是在以松油为原料、硫酸作催化剂、酒精为乳化剂的条件下，发生水解反应制得的。

松油醇为淡黄色油状液体，颜色比松油淡，密度为0.90~0.91g/cm^3，可燃，微溶于水，在空气中可氧化，氧化后黏度增加。

松醇油起泡性较强，可以生成大小均匀、黏度中等和稳定性合适的气泡，使用时可以直接滴加。

A 泡沫的稳定和破灭

气泡汇集到矿浆液面成为泡沫，该泡沫是不稳定系统，一般会被逐渐兼并破灭。

（1）泡沫的破灭。首先是气泡间水层变薄，小气泡兼并成大气泡，这是自发的过程；气泡在静水中上升时，静水压力逐渐减小，气泡不断增大，上升至液面时，气泡上层的水受到上浮气泡的挤压及水本身的重力作用，不断向下渗流，气泡壁逐渐变薄而破裂；在水中运动的气泡，还会因碰撞而兼并。其次是当气泡上升至空气层界面时，气泡水膜上水分子的蒸发会使水膜变薄而导致泡沫破灭。最后是许多气泡靠近时，会排列成规则的形状，在气泡间形成三角形地带，由于气泡内部对气泡有拉力，即毛细压力，会在三角形地带形成负压，从而产生抽吸力，促使气泡水膜薄化而兼并。

（2）泡沫的稳定。两相泡沫的稳定主要靠表面活性起泡剂的作用。由于表面活性起泡剂吸附于气泡表面，起泡剂分子的极性端朝外，对水偶极有引力，使水膜稳定而不易流失。有些离子型表面活性起泡剂带有电荷，于是气泡因为带有同性电荷而相互排斥阻止兼并，增加了稳定性。

在浮选泡沫中，凡矿粒的疏水性越强、捕收剂相互作用越强、矿粒越细（表面能大）、矿泥罩盖于气泡表面越密，则泡沫越稳定。

浮选时，泡沫的稳定性要适当，不稳定易破灭的泡沫易使矿粒脱落，影响回收率；而过分稳定的泡沫则会使泡沫的运输及产品浓缩发生困难。泡沫量也要适当，泡沫量不足，矿物会失去黏附的机会而不易选出；而泡沫过多则会引起“跑槽”。

B　起泡剂的作用

起泡剂在起泡过程中的作用如下：

（1）防止气泡兼并。

（2）降低气泡的上升速度。起泡剂使气泡上升速度变慢的可能原因是起泡剂分子在气泡表面形成了“装甲层”，它对水偶极有吸引力，同时又不如水膜那样易于随阻力变形，因而会阻滞气泡的上升。

（3）影响气泡的大小及分散状态。气泡粒径的大小对浮选指标有直接影响，一般机械搅拌式浮选机在纯水中生成气泡的平均直径为4～5mm；添加起泡剂后，平均直径缩小为0.8～1.0mm。气泡越小，比表面积越大，越有利于矿粒的黏附。但是，气泡要携带矿粒上浮，必须有充分的上浮力及适当的上浮速度。因此也不是气泡越小越好，而是要有适当的大小及分布。

C　起泡剂与捕收剂的相互作用

在浮选过程中，起泡剂与捕收剂的相互作用对浮选有很重要的意义。值得注意的是，一些本身并无起泡性能的捕收剂会对起泡剂的起泡状态产生影响。例如，黄药本身是捕收剂，对水的表面张力影响很小，单用黄药并不会起泡；但是，黄药与醇一起使用，就比单用醇时的起泡量大得多。这种作用，高级黄药比低级黄药还要显著，说明捕收剂与起泡剂在气泡界面有联合作用。

捕收剂与起泡剂不仅在气泡表面（液－气界面）有联合作用，而且在矿物表面（固－液界面）也有联合作用。这种联合作用名为“共吸附”现象。由于气泡表面与矿粒表面都有捕收剂与起泡剂的共吸附，因而产生共吸附的界面“互相穿插”，这是矿粒向气泡附着的机理之一。只有捕收剂与起泡剂的适当配合，发生共吸附的联合作用，才能提高回收率及精矿品位。

3.3.1.3 调整剂

调整剂按其在浮选过程中的作用可分为：抑制剂、活化剂、介质pH值调整剂等。

调整剂包括各种无机化合物（如盐、碱和酸）、有机化合物。同一种药剂，在不同的浮选条件下，往往起不同的作用。

3.3.1.4 抑制剂

抑制剂的作用是削弱捕收剂与矿物表面的作用，恶化矿物可浮性的一种药剂。目前，在浮选生产实践中，常用的抑制剂有石灰、硫酸锌、硫化钠、亚硫酸、亚硫酸盐、SO_2气体等，以及水玻璃。

A 石灰

石灰（CaO）是黄铁矿、磁黄铁矿、硫砷铁矿（如毒砂）等硫化矿物廉价而有效的抑制剂。在抑制黄铁矿时，在矿物表面生成亲水的氢氧化铁薄膜，增加了黄铁矿表面的润湿性而引起抑制作用。石灰加水解离出OH^-，表现出较强的碱性，有调整矿浆pH值的作用。石灰造成的碱性介质，还可消除矿浆中一些有害离子（如Cu^{2+}、Fe^{3+}）的影响，使之沉淀为$Cu(OH)_2$与$Fe(OH)_3$。

石灰对起泡剂的起泡能力有影响，如松醇油类起泡剂的起泡能力，随矿浆pH值的升高而增大，酚类起泡剂的起泡能力则随矿浆pH值的升高而降低（通俗地讲就是泡沫发虚、发黏，不利于矿物富集）。

石灰本身又是一种凝结剂，能使矿浆中微细颗粒凝结。因而，当石灰用量适当时，浮选泡沫可保持一定的黏度；而当用量过大时，将促使微细矿粒凝结而导致泡沫黏结膨胀，影响浮选过程的正常进行。

B 硫酸锌

硫酸锌（$ZnSO_4 \cdot 7H_2O$）俗称皓矾，其纯品为白色晶体，易溶于水，与碱配合使用，是闪锌矿的抑制剂。其抑制机理是：与OH^-反应生成氢氧化锌亲水胶粒，吸附在闪锌矿表面，阻碍矿物表面与捕收剂相互作用，使闪锌矿受到抑制。

硫酸锌单独使用时，抑制效果很差，通常与硫化钠、亚硫酸盐或硫代硫酸盐、碳酸钠等配合使用。硫酸锌与亚硫酸钠或硫代硫酸钠配合使用，能抑制闪锌矿；与硫化钠或碳酸钠配合使用时，据报道亦能有效抑制闪锌矿。

C 硫化钠

硫化钠（Na_2S）是大多数硫化矿物的抑制剂。其抑制机理是硫化钠水解生成的HS^-或S^{2-}能够吸附在硫化矿物表面阻碍矿物对捕收剂阴离子的吸附，从而使矿物受到抑制。

在浮选实践中，硫化钠的作用是多方面的，它可作为硫化矿的抑制剂、有色金属氧化矿的活化剂、矿浆 pH 值调整剂、硫化矿混合精矿的脱药剂等。

用硫化钠抑制方铅矿时，最适宜的矿浆 pH 值是 7～11（9.5 左右最有效）。此时 HS^- 浓度最大，HS^- 一方面排挤吸附在方铅矿表面的黄药；同时其本身又吸附在矿物表面，使矿物表面亲水。

硫化钠用量大时，绝大多数硫化矿都会受到抑制。硫化钠抑制硫化矿的递减顺序大致为：方铅矿、闪锌矿、黄铜矿、斑铜矿、铜蓝、黄铁矿、辉铜矿等。受硫化钠抑制的矿物较多，实际生产中慎用。

D　亚硫酸、亚硫酸盐、SO_2 气体等

这类药剂包括二氧化硫（SO_2）、亚硫酸（H_2SO_3）、亚硫酸钠（Na_2SO_3）和硫代硫酸钠（$Na_2S_2O_3 \cdot 5H_2O$）等。

二氧化硫溶于水生成亚硫酸，但二氧化硫在水中的溶解度随温度的升高而降低。18℃时，用水吸收二氧化硫，测得水中亚硫酸的质量分数为 1.2%；温度升高到 30℃时，水中亚硫酸的质量分数为 0.6%。

亚硫酸及其盐具有强还原性，故不稳定。亚硫酸可以和很多金属离子形成酸式盐（亚硫酸氢盐）或正盐（亚硫酸盐），除碱金属亚硫酸正盐易溶于水外，其他金属的正盐均微溶于水。

亚硫酸在水中分两步解离，溶液中 H_2SO_3、HSO_3^- 和 SO_3^{2-} 的浓度取决于溶液的 pH 值。使用亚硫酸盐浮选时，矿浆 pH 值常控制在 5～7 的范围内，此时起抑制作用的主要是 HSO_3^-。

二氧化硫及亚硫酸（盐）主要用于抑制黄铁矿、闪锌矿。用溶解有二氧化硫的石灰制成的弱酸性矿浆（pH 值在 5～7），或者使用二氧化硫与硫酸锌、硫酸亚铁、硫酸铁等联合作抑制剂，此时方铅矿、黄铁矿、闪锌矿受到抑制，而黄铜矿不但不受抑制，反而被活化。为了加强对方铅矿的抑制，可与铬酸盐或淀粉配合使用。被抑制的闪锌矿，用少量硫酸铜即可活化。

还可以用硫代硫酸钠、焦亚硫酸钠（$Na_2S_2O_5$）代替亚硫酸（盐），抑制闪锌矿和黄铁矿。对于被铜离子强烈活化的闪锌矿，只用亚硫酸盐，其抑制效果较差。此时，如果同时添加硫酸锌或硫化钠，则能够增强抑制效果。生产中一般采用硫酸锌与亚硫酸钠按 2∶1 用量配制的抑制剂抑制闪锌矿，部分矿山效果明显；有些矿山只添加硫酸锌抑制闪锌矿，效果也很明显，并可以使选矿直接成本降低 3 元/t。但要注意，取消亚硫酸钠的使用需要经过实验室对比论证确定。

亚硫酸盐在矿浆中易于氧化失效，因而其抑制有时间性。为使过程稳定，通常采用分段添加的方法。

E　水玻璃

非硫化矿浮选时，广泛使用水玻璃作抑制剂，同时也常用它作矿泥分散剂。

水玻璃的化学组成通常以 $Na_2O \cdot nSiO_2$ 表示，是各种硅酸钠（如偏硅酸钠（Na_2SiO_3）、二硅酸钠（$Na_2Si_2O_5$）、原硅酸钠（Na_4SiO_4）、经过水合作用的 SiO_2 胶粒等）的混合物，成分常不固定。n 为硅酸钠的“模数”（或称硅钠比），不同用途的水玻璃，其模数相差很大。模数低，碱性强，抑制作用较弱；模数高（例如大于3）时不易溶解，分散不好。浮选的水玻璃模数是2.0～3.0。纯的水玻璃为白色晶体，工业用水玻璃为暗灰色的结块，加水呈糊状。

水玻璃是石英、硅酸盐、铝硅酸盐类矿物的抑制剂（分散泥化）。

水玻璃在水中水解，如模数为1时，解离后水溶液中除含有单体硅酸离子外，还有聚硅酸离子和硅酸离子胶粒。水玻璃的模数大于2时，主要呈单体硅酸离子存在，在组成为 $Na_2O \cdot 3SiO_2$ 的水玻璃溶液中，当溶液pH值小于8时，未解离的硅酸占优势；pH值等于10时，主要是 $HSiO_3^-$；pH值大于13以后，SiO_3^{2-} 占优势。

水玻璃与酸作用析出硅酸，硅酸在水溶液中溶解度很小，产生的硅酸经过一定时间后会发生絮凝作用。因此，水玻璃水溶液在空气中不能放置过久，否则受空气中二氧化碳作用，析出硅酸，其抑制作用降低。

水玻璃在水溶液中的性质随溶液pH值、模数、金属离子及温度而变。如在酸性介质中能够抑制磷灰石，而在碱性介质中，磷灰石几乎不受其抑制。

添加少量水玻璃，有时可提高某些矿物（如萤石、赤铁矿等）的浮选活性，同时又可强烈地抑制某些矿物的浮选（如方解石等）。水玻璃的用量增加，这种选择性降低。

实践中，为了提高水玻璃的选择性，可采取下列措施：

（1）水玻璃与金属盐［如 $Al_2(SO_4)_3$、$MgSO_4$、$FeSO_4$、$ZnSO_4$ 等］配合使用。如单加水玻璃，萤石和磷灰石的浮选回收率分别为97.8%和95.5%；当水玻璃与 $FeSO_4$ 配合使用时，萤石的回收率为95.5%，而磷灰石的回收率则下降到57.3%，说明在此条件下抑制作用有选择性。

（2）水玻璃与碳酸钠配合使用。抑制石英浮磷灰石采用此法。

（3）矿浆加温。用油酸和其他羧酸类捕收剂浮选白钨矿、方解石和萤石得到混合精矿，经浓缩后加温到60～80℃加入水玻璃搅拌，然后浮选，结果方解石受到抑制，白钨矿仍可浮。

水玻璃对矿泥有分散作用，添加水玻璃可以减弱矿泥对浮选的有害影响，但用量不宜过大。

水玻璃用量随其用途不同而变化很大，范围为0.2～15kg/t，通常为0.2～2.0kg/t，配制成5%～10%的溶液添加。

3.3.1.5 活化剂

活化剂用来提高被抑制矿物的浮游活性，按其化学性质可分为以下几类。

A　各种金属离子

用黄药类捕收剂浮选时，该类活化剂能与黄原酸形成难溶性盐的金属阳离子，如 Cu^{2+}、Ag^{+}、Pb^{2+} 等。使用的活化剂有硫酸铜、硝酸银、硝酸铅等。

用脂肪酸类捕收剂浮选时，该类活化剂能与羧酸形成难溶性盐的碱土金属阳离子，如 Ca^{2+}、Ba^{2+} 等。氯化钙、氧化钙、氯化钡等可作为该类活化剂使用。

B　无机酸、碱

主要用于清洗欲浮矿物表面的氧化物污染膜或黏附的矿泥，如盐酸、硫酸、氢氟酸、氢氧化钠等。

某些硅酸盐矿物所含金属阳离子被硅酸骨架所包围，使用酸或碱溶蚀矿物表面可以暴露金属离子，增强矿物表面与捕收剂作用的活性。这种情况下大多采用溶蚀性较强的氢氟酸。

在生产实践中，例如，闪锌矿在优先浮选中受到抑制，在下一步要浮选闪锌矿时，通常用硫酸铜来使其活化。加入硫酸铜后在闪锌矿表面形成了硫化铜薄膜，硫化铜易于与黄药作用，生成疏水性表面使闪锌矿又能附着于气泡上，从而使被抑制的闪锌矿得到活化。硫酸铜也是黄铁矿、毒砂等的活化剂。在浮选有色金属氧化矿（如白铅矿、孔雀石等）时硫化钠是常用的活化剂。因为硫化钠与这些氧化矿物的表面作用后，产生硫化物，使黄药类捕收剂能与这种硫化物表面作用，从而使这些氧化矿物浮起。

3.3.1.6　介质 pH 值调整剂

介质调整剂主要用来调整矿浆的性质，形成有利于浮选分离的介质条件、改善矿物表面状况和矿浆离子组成。其主要作用是调整矿浆的酸碱度（pH 值）。

浮选时，矿浆中的氢离子浓度对浮选影响很大。它对矿物表面的润湿性、捕收剂分子的解离程度及其在矿物表面的吸附、浮选药剂的稳定性及其浮选效果、气泡的稳定性等都有影响。因此，调节矿浆中的氢离子浓度对提高浮选过程的选择性非常重要。

提高矿浆的碱度常用石灰或碳酸盐，有时用苛性钠或硫化钠；提高矿浆的酸度，常用硫酸，其次用盐酸、硝酸、磷酸等。

向矿浆中通入 CO_2 或 SO_2 等废气来调整矿浆 pH 值和强化浮选，也能得到较好的效果。其实质就是碳酸与硫酸的作用，这不仅节省了硫酸等化工原料，还减少了有害气体对大气的污染。

由于石灰对方铅矿有抑制作用，浮选方铅矿时，多采用碳酸钠来调节矿浆的 pH 值。

用脂肪酸类捕收剂浮选非硫化矿时，常用碳酸钠调节矿浆 pH 值，因为碳酸钠能消除 Ca^{2+}、Mg^{2+} 等的有害作用，同时还可以减轻矿泥对浮选的不良影响。

碳酸钠还可以用作黄铁矿的活化剂。

3.3.1.7 其他类浮选药剂

浮选过程中还有一些难以包括在上述分类之内的药剂，例如，实践中常用的脱药剂，以及一些起特殊作用的“反起泡剂”等。

A 脱药剂

实践中常用的脱药剂有.

（1）酸和碱。用来调节矿浆的 pH 值，使捕收剂失效或从矿物表面脱落。

（2）硫化钠。解吸矿物表面的捕收剂薄膜，脱药效果较好。

（3）活性炭。利用活性炭的巨大吸附性能，吸附矿浆中的过剩药剂，促使药剂从矿物表面解吸。使用时，应控制用量，特别是混合精矿分离之前的脱药，用量过大往往会造成分离浮选时的药量不足。

B 反起泡剂

由于某些捕收剂如烷基硫酸盐、丁二酸磺酸盐、烃基氨基乙磺酸等的起泡能力很强，因此影响分选效果和泡沫的输送。采用有反起泡作用的高级脂肪醇或高级脂肪酸、酯、烃类，可以消除过多泡沫的有害影响。

烷基硫酸盐溶液中，以单原子脂肪醇和高级醇组成的醇类，及 $C_{16} \sim C_{18}$ 的脂肪酸的反起泡性能为最好。

油酸钠溶液中，以饱和脂肪酸的反起泡性能为最好。

烷基酰胺基磺酸盐中，以 C_{12} 以上的饱和脂肪酸及高级醇为最好。

3.3.2 药剂设施

3.3.2.1 药剂的贮存

药剂的贮存方式，根据药剂的性质、种类及包装形式的不同而异。对于散装的液体药剂需设贮液槽，对于袋装或桶装的药剂则应设置仓库贮存。

药剂仓库一般靠近药剂制备室，并有公路相通。同时还应具有良好的通风条件，以及有效的防火、防潮、防晒、防酸碱措施，以免药剂变质。

药剂贮存时间，根据药剂供应点的远近、交通运输和用药量的多少等条件决定。

不同品种的药剂应分别堆放。剧毒药剂、强酸、强碱等应单独存放，以确保安全。

3.3.2.2 药剂制备

药剂制备是浮选厂生产的重要环节。

对药剂品种多、用量大的选矿厂，应将药剂制备室设在靠近主厂房的高位置处，让药剂自流至给药室或使药剂制备室靠近给药室，从而缩短输药管线，便于操作管理和相互间联系。

药剂制备的浓度，以方便给药、贮存及计量为准则，对用药量小的可采用低浓度制备，而用药量大的采用高浓度制备。一般制备浓度（质量分数）在5%～20%之间。

对于加水溶解的药剂，一般采用药剂搅拌槽制备。对于不需溶解的药剂如煤油、2号油等，设置药剂贮存槽。药剂溶解量的大小由用药量、药剂配制浓度及贮药容器等因素决定，一般每班溶解一次，对用药量大的可每班溶解两次。

几种常用药剂的制备方法：

（1）水玻璃。块状时，经人工破碎后，放在搅拌槽中加温溶解，若用量大时，可设高压釜通蒸汽溶解；液状时，则放至搅拌槽中加水稀释即可。

（2）硫化钠。用量小时可人工破碎，用量大时可用机械破碎，然后放入搅拌槽中加水溶解。亦可将整桶硫化钠去掉桶皮放入搅拌槽中用泵构成闭路循环进行溶解。冬季时要用温水或通入蒸汽加温溶解直至完全溶解后送入贮存槽中。

（3）氧化石蜡皂。连同包装桶一起倒置于溶解槽内，通入蒸汽待药剂溶解后将桶取出，然后将溶液送到搅拌槽中加水稀释到所需浓度，送至给药室。

（4）凝固点高的药剂。如油酸、脂肪酸等必须加高温溶解，同时在给药机、输送管道及搅拌槽等处设置加温和保温等措施。

（5）黄药、碳酸钠、硫酸锌、硫酸铜及氰化物等易溶于水的药剂。直接按量倒入搅拌槽中加入适量的水配制成需要的浓度即可。

（6）石灰。若来料为粉状，可用小型带式输送机或圆盘给料机加到系统中去。若为块状，当用量不大时，可在料堆上加少量水进行预消化后，加入搅拌槽进行消化；当用量较大时，可采用磨矿分级等工序制成石灰乳添加到系统中去。

3.3.2.3　药剂添加

给药方式，根据选矿厂规模、药剂品种及药剂性质等可分为集中给药或分散给药两种方式。对小型选矿厂，当浮选系统不多时，可采取集中给药方式，这种方式便于操作管理。对于多系统的大型选矿厂，多采用分散给药方式。

给药装置，目前除少数老选矿厂仍使用斗式给药机、杯式给药机和轮式给药机外，已普遍采用虹吸给药机；根据在虹吸给药机前所加的装置又分为微机控制加药装置、负压加药装置等。此外还有采用小型定量泵进行加药的。随着科学技术的发展与进步，数控加药系统在大型选矿厂已得到推广应用，并显示出强大的生命力。

在浮选过程中，浮选药剂起着主要作用，就其主要用途可分为捕收剂、起泡剂、调整剂三大类。根据浮选药剂理论，系统研究浮选药剂结构与性能的关系，阐述浮选药剂作用机理，可以为合理用药及按特定用途研制新药提供依据。一般情况下，优良的浮选药剂必须符合以下条件：（1）原料来源充足；（2）成本低廉；（3）浮选活性强；（4）便于使用；（5）毒性低或无毒等。

3.4 浮选工艺过程

在浮选工艺过程中，影响浮选过程的工艺因素很多，较为重要的有：（1）矿石的入选粒度，即磨矿细度；（2）矿浆的入选浓度；（3）药剂的添加和调节，即药剂制度；（4）气泡和泡沫的调节；（5）矿浆温度；（6）浮选工艺流程；（7）水质等。

大量的生产实践经验证明，必须根据矿石性质特点，通过试验研究来正确地选择浮选工艺因素。在生产实践中，由于矿石性质的变化，需要操作人员及时地对工艺因素加以调节，才能获得最佳的技术经济指标。

3.4.1 粒度

所谓粒度，就是矿粒（块矿）大小的量度。将矿粒按粒度大小分成若干级别，这些级别称为粒级。所有粒级中各粒级的相对含量称为粒度组成。在浮选工艺过程中，为了保证浮选获得较高的技术指标，研究粒度对浮选的影响，以及依据矿石性质确定最佳的入选粒度和其他工艺条件，是有重要意义的。

3.4.1.1 粒度对浮选的影响

浮选时不但要求矿物单体解离，而且要求有适宜的入选粒度。矿粒太粗，即使矿物已单体解离，因超过气泡的浮载能力，往往浮不起来。各类矿物的浮选粒度上限不同，如硫化矿一般为0.2～0.25mm，非硫化矿一般为0.25～0.3mm。对于一些密度较小的非金属矿，如煤，粒度还可以提高。但是，矿物磨得过细，如粒级为－0.01mm的矿粒也不好浮。实践还证明，不同粒度的浮选行为也不同。表3-4列出了在工业条件下浮选铅锌矿时各粒级的回收率。

表3-4 在工业条件下浮选铅锌各粒级回收率

<table>
<tr><th rowspan="2">粒级/mm</th><th rowspan="2">产率/%</th><th colspan="2">回收率/%</th></tr>
<tr><th>铅</th><th>锌</th></tr>
<tr><td>+0.3</td><td>0.5</td><td rowspan="3">34～39</td><td rowspan="3">23～26</td></tr>
<tr><td>－0.3 +0.2</td><td>3.0</td></tr>
<tr><td>－0.2 +0.15</td><td>7.0</td></tr>
<tr><td>－0.15 +0.1</td><td>13.0</td><td>63～74</td><td>84～88</td></tr>
<tr><td>－0.1 +0.075</td><td>17.5</td><td>84～93</td><td>82～95</td></tr>
<tr><td>－0.075 +0.052</td><td>14.0</td><td>92～94</td><td>97</td></tr>
<tr><td>－0.052 +0.037</td><td>10.0</td><td>94～95</td><td>97</td></tr>
<tr><td>－0.037 +0.026</td><td>7.0</td><td>94～97</td><td>97～98</td></tr>
</table>

续表3-4

粒级/mm	产率/%	回收率/%	
		铅	锌
-0.026 +0.013	9.0	92~96	96~97
-0.013 +0.006	6.0	90~95	96~97
-0.006	13.0	74~86	79~83

表3-4数据说明，不同矿物有其最优的浮选粒度范围，入选粒度过粗（大于0.1mm）和过细（小于0.006mm）都不利于浮选，回收率较低。

在浮选生产过程中，及时测定入选矿石粒度的变化，可以为指导磨矿分级操作提供调节依据，是现场每日每班都要进行的检测工作。在没有粒度自动测量和自动调节的情况下，一般采用快速筛析法。该法采用的工具为天平秤、浓度壶和筛子（0.074mm或0.15mm等），计算式如下：

$$\gamma_{+} = \frac{G - P - V}{G_1 - P - V} \times 100\% \tag{3-1}$$

式中　γ_{+}——筛上产物的产率，%；

G_1——装满矿浆的浓度壶质量，g；

G——筛分后筛上产物装满浓度壶后的质量，g；

P——干浓度壶的质量，g；

V——浓度壶的容积，mL。

故筛下粒级产率$\gamma_{-} = 100 - \gamma_{+}$。筛下粒级产率$\gamma_{-}$就是磨矿细度。

对于一定容积、一定质量的浓度壶，P和V都是一定的，入选粒度（筛下粒度产率γ_{-}）不同只是由于G和G_1的变化，所以在选厂生产中，只需根据G和G_1计算γ_{-}（或γ_{+}），并将计算结果列表置于现场。每隔1~2h测定一次G和G_1，就能及时掌握入选的粒度情况，应用很方便。并可以根据入选粒度的变化及时改变磨矿分级循环操作条件，如调整磨矿机的给矿速率、磨矿浓度、分级浓度等。

同时，检查浮选精矿和尾矿的粒度组成，也能发现磨矿细度的变化。如果在尾矿中金属主要损失在粗粒级，说明磨矿细度不够；如果在尾矿中金属主要损失在细粒级，则说明存在过磨现象。这些都需要及时调节磨矿分级作业的工艺条件。

粗粒和微细粒（0.010mm）矿粒都具有许多特殊的物理和物理化学性质，其浮选行为与一般粒度的矿粒不同，因而，在浮选过程中要求采用特殊的工艺条件。

3.4.1.2　粗粒浮选的工艺措施

在矿物单体解离的前提下，粗磨浮选可以节省磨矿费用，降低选矿成本。在处理不均匀嵌布矿石的大型斑岩铜矿浮选厂普遍存在在保证粗选回收率前提下，采用粗磨矿石进行浮选的趋势。但是由于较粗的矿粒比较重，在浮选机中不易悬浮，与气泡碰撞的概率较小，附着气泡不稳定，易于脱落，因此粗矿粒在一般工艺条件下浮选效果较差。为了改善粗矿粒的浮选效果，可采用下列特殊工艺条件。

（1）浮选机的选择和调节。实践证明，机械搅拌式浮选机内矿浆的强烈湍流运动是促使矿粒从气泡上脱落的主要原因。因此，降低矿浆运动的湍流强度是保证粗粒浮选效果的根本措施。可根据具体情况采取以下措施：

1）选择适宜于粗粒浮选的专用浮选机，如环射式浮选机（中国），斯凯纳尔（Skinair）型浮选机（芬兰）等。

2）改进和调节常规浮选机的结构和操作，如适当降低槽深（采用浅槽型），缩短矿化气泡的浮升路程，避免矿粒脱落；叶轮盖板上方加格筛，减弱矿浆湍流强度，保持泡沫区平稳；增大充气量，形成较多的大气泡，有利于形成气泡和矿粒组成的浮团，将粗粒“拱抬”上浮；迅速而平稳地刮泡等。

（2）增大矿浆浓度。在较高的矿浆浓度下进行粗粒浮选。

（3）改进药剂制度。选用捕收力强的捕收剂和合理增加捕收剂浓度，目的在于增强矿物与气泡的附着强度，加快浮选速度。此外补加非极性油，如柴油、煤油等，可以“巩固”气－液－固三相接触周边，增强矿物与气泡的固着密度。

3.4.1.3 细粒浮选的工艺措施

细粒通常是指粒级为 －0.018mm 或 －0.010mm 的矿泥。矿泥的来源有：一是“原生矿泥”，主要是矿床内部由于地质作用产生的各种泥质矿物，如高岭土、绢云母、褐铁矿、绿泥石、炭质页岩等；二是“次生矿泥”，是破碎、磨矿、运输、搅拌等过程形成的。根据世界资源情况，无论是黑色、有色或稀有金属矿，富矿资源日趋枯竭，贫、杂、细粒浸染矿石逐年增多，且都日渐趋向于难选，故细磨矿石必然成为改善选矿指标必须采取的具有共同性的措施。同时细磨矿石必然会导致矿泥量增加，从经济观点看，这些矿泥必须进行回收利用。

A 细粒（矿泥）浮选困难的原因

由于细粒（矿泥）具有质量小、比表面积大等特点，因此其在介质中浮选会出现一系列特殊行为。

（1）从微粒与微粒的作用看，由于微粒表面能显著增加，在一定条件下，不同矿物微粒之间容易发生互凝而形成非选择性凝结。细微粒易于黏着在粗粒矿物表面形成矿泥罩盖。

（2）从微粒与介质的作用看，微粒具有大的比表面积和表面能，具有较强的药剂吸附能力，导致药剂的吸附选择性变差；另外微粒的表面溶解度比较大，因而使矿浆中的“难免离子”增加；还有微粒因质量小而易被机械夹带。

（3）从微粒与气泡的作用看，由于接触效率及黏着效率降低，使气泡对矿粒的捕获率下降，同时产生气泡的矿泥“装甲”现象，影响气泡的运载量。

上述行为均是导致细粒浮选速度变慢、选择性变差、回收率降低、浮选指标明显下降的原因。

B　细粒浮选的措施

（1）消除和防止矿泥对浮选影响的主要措施有：1）脱泥。分级脱泥是根除矿泥影响的最常用方法，如用水力旋流器在浮选前脱出某一粒级的矿泥并将其废弃；或者对细粒矿泥和粗砂分别进行处理，即进行所谓的“泥砂分选”；另外对于一些易选的矿泥，可在浮选前加少量药剂浮除。2）添加矿泥分散剂。将矿泥分散可以消除部分矿泥罩盖于其他矿物表面或微粒间发生无选择互凝的有害作用。常用的矿泥分散剂有水玻璃、碳酸钠、氢氧化钠、六偏磷酸钠等。3）分段、分批加药。可以保持矿浆中药剂的有效浓度，并可提高药剂的选择性。4）采用较稀的矿浆。矿浆较稀，一方面可以避免矿泥污染精矿泡沫；另一方面可降低矿浆黏度。

（2）选用对微粒矿物具有化学吸附或螯合作用的捕收剂，以利于提高浮选过程的选择性。

（3）应用物理的或化学的方法，增大微粒矿物的外观粒径，提高待分选矿物的浮选速率和选择性。目前根据这一原则发展起来的新工艺主要有：1）选择絮凝浮选。采用絮凝剂选择性絮凝目的矿物微粒或脉石矿物细泥，然后用浮选法分离。2）载体浮选。该工艺利用一般浮选粒级的矿粒作载体，使目的矿物细粒罩盖在载体上上浮。载体可用同类矿物，也可用异类矿物。如可以用硫黄作载体浮选细粒磷灰石；可以用黄铁矿作载体浮选细粒金；可以用方解石作载体浮除高岭土中的锐钛矿杂质等。3）团聚浮选（又称乳化浮选）。细粒矿物经捕收剂处理后，在中性油的作用下，形成带矿的油状泡沫。该工艺已用于选别锰矿、钛铁矿、磷灰石等。其操作工艺条件分为两类：一是捕收剂与中性油先配制成乳化液，然后再加入浮选矿浆中；二是在高浓度（达70%固体）矿浆中，按次序加入中性油及捕收剂，强烈搅拌，控制浮选时间，然后刮出上层泡沫。

（4）减小气泡直径，实现微泡浮选。在一定条件下，减小气泡直径，不仅可以增加气－液界面，同时可以增加其与微粒的碰撞概率和黏附概率，有利于微粒矿物的浮选。当前的主要工艺有：1）真空浮选。采用降压装置，从溶液中析出微泡的真空浮选法，气泡直径一般为0.1～0.5mm。该工艺可用于重晶石的浮选。2）电解浮选。利用电解水的方法获得微泡，一般气泡直径为0.02～0.06mm。该工艺用于浮选细粒锡石时，单用电解氧气泡浮选，粗选回收率比常规浮选显著提高。

此外，近年来开展了其他新工艺的研究，如控制分散浮选，该工艺用于铁矿、黑钨细泥浮选均取得了明显的效果。

3.4.2 矿浆浓度

浮选前的矿浆调节，是浮选过程中的一个重要作业，包括矿浆浓度的确定和调浆方式选择等工艺因素。

3.4.2.1 矿浆浓度的表示方法和测定

矿浆浓度是指矿浆中固体矿粒的含量，矿浆浓度有两种表示方法：固体含量的百分数和液固比。

固体含量的百分数表示矿浆中固体的质量占整个矿浆质量的百分数，以符号 R 表示，有时又称为百分浓度。浮选厂常见的浮选浓度列于表 3-5。

$$R = \frac{\text{矿石的质量}}{\text{矿浆(矿石+水)的质量}} \times 100\% \tag{3-2}$$

液固比表示矿浆中液体与固体的质量之比，有时又称为稀释度，以符号 C 表示。它与百分浓度可以用式（3-3）换算：

$$C = \frac{100 - R}{R} \tag{3-3}$$

表 3-5 浮选厂常见的矿浆浓度

矿石类型	浮选循环	砂浆浓度（固体的质量分数）/%			
		粗 选		精 选	
		范围	平均	范围	平均
硫化铜矿	铜及硫化铁	22～60	41	10～30	20
硫化铅锌矿	铅	30～48	39	10～30	20
	锌	20～30	25	10～25	18
硫化钼矿	辉钼矿	40～48	44	16～20	18
铁矿	赤铁矿	22～38	30	10～22	16

矿浆浓度测定的方法分为：手工测量和自动控制两种。矿浆浓度自动控制方面存在的问题是灵敏度不够，调节控制数值不稳定等。但是无论是已安装自动控制设备的选矿厂，还是没有自动控制的选矿厂，手工测量浓度在目前仍是不可缺少的。手工测量，一般采用浓度壶法，计算公式如下：

$$G = \frac{V \cdot \delta}{R + \delta + \delta R} + P \tag{3-4}$$

式中 R——固体百分浓度（给矿浓度），%；

δ——矿石密度，g/cm^3；

G——装满矿浆的浓度壶的质量，g；

P——干浓度壶质量，g；

V——浓度壶容积，mL。

故在已知的浓度壶容积、浓度壶质量和矿石密度的前提下，可根据不同的 R 值计算出相对应的 G 值，列成浓度换算表置于生产现场。操作人员可依据称量得到的 G 值，迅速从换算表中查出相对应的矿浆浓度。

3.4.2.2 矿浆浓度对浮选的影响

矿浆浓度作为浮选过程的重要工艺因素之一，它影响下列各项技术经济指标。

（1）回收率。在各种矿物的浮选中，矿浆浓度和回收率存在明显的规律性。当矿浆很稀时，回收率较低，随着矿浆浓度的逐渐增加，回收率也逐渐增加，并达到最大值。但超过最佳矿浆浓度后，回收率又降低。这是由于矿浆浓度过高或过低都会破坏浮选机的充气条件。

（2）精矿质量。一般规律是在较稀的矿浆中浮选时，精矿质量较高，而在较浓的矿浆中浮选时，精矿质量较低。

（3）药剂用量。在浮选时矿浆中必须均衡地保持一定的药剂浓度，才能获得良好的浮选指标。当矿浆浓度较高时，液相中药剂增加，处理每吨矿石的用药量会减少；反之，当矿浆浓度较低时，处理每吨矿石的用药量会增加。

（4）浮选机的生产能力。随着矿浆浓度的增高，浮选机按处理量计的生产能力增大。

（5）浮选时间。在矿浆浓度较高时，浮选时间会增加，有利于提高回收率和浮选机的生产率。

（6）水电消耗。矿浆浓度越高，处理每吨矿石的水电消耗越少。

在实际生产过程中，浮选时除应保持最适宜的矿浆浓度外，还须考虑矿石性质和具体的浮选条件。一般原则是：浮选密度大、粒度粗的矿物，往往采用较高的矿浆浓度；当浮选密度较小、粒度较细的矿石或矿泥时，则采用较低的矿浆浓度；粗选作业采用较高的矿浆浓度，可以保证获得高的回收率和节省药剂；精选作业采用较低的矿浆浓度，则有利于提高精矿品位；扫选作业的矿浆浓度受粗选作业影响，一般不另行控制。

3.4.2.3 分级调浆的概念及应用

调浆就是把原矿配制成适宜浓度的矿浆，依次加入浮选药剂，并搅拌混匀，从而保证浮选过程正常有效地进行。

分级调浆就是根据不同粒度和不同调浆条件，将矿浆按粗细粒级分成两支或三支进行调浆。分级的粒度界限可以通过试验来确定。图 3-8 所示为两支和三支的调浆方案。

分两支的调浆方案如图 3-8(a)所示。药剂只加到矿砂（粒度较粗）部分，矿砂调浆后，矿泥部分并入矿砂并与其一起浮选。这种方案适用于矿泥的浮选活度比矿砂高，而粒度较粗的矿粒需提高药量或补加其他强力捕收剂的情况，这样处理使粗、细粒的可浮性差别较小，而趋于均一化。另外，粗粒要求的较高药剂浓度也会因分级调浆而得到实现。如铅锌矿分级调浆的经验证明，粗粒部分的黄药浓度，是一般调浆平均值的 7 ~ 10 倍。该方案的优点是既可以保证有效浮选，又可以改善选择性。

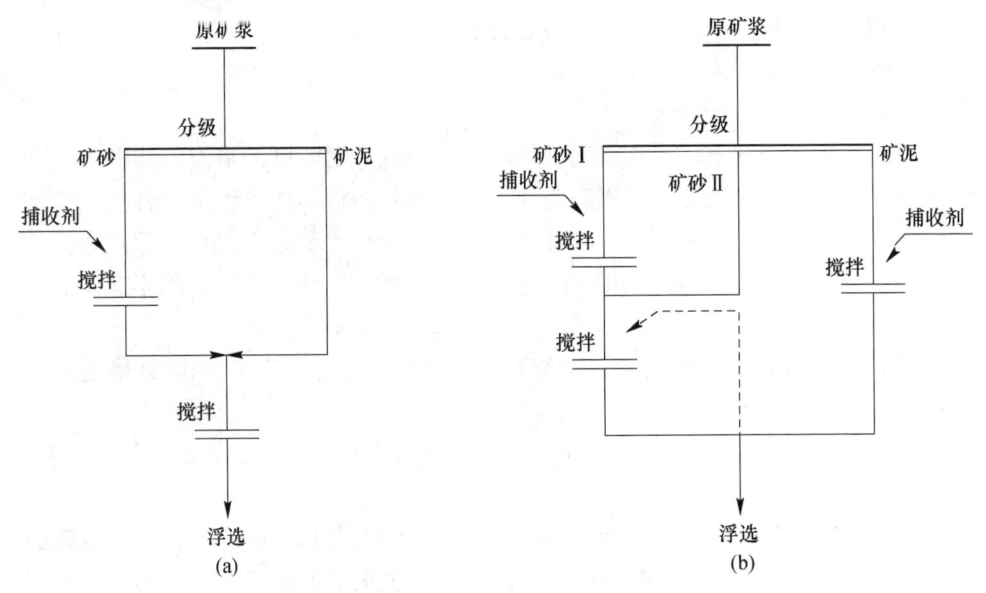

图 3-8　分级调浆

(a) 两支调浆方案；(b) 三支调浆方案

分三支的调浆方案如图 3-8(b)所示。矿浆分为三级：矿砂Ⅰ（粗粒）、矿砂Ⅱ（中粒）和矿泥。中粒级一般可浮性较好，而粗粒和矿泥都要求特殊调浆。三支的可浮性相差较大时，采用这一方案，但设备及管道较多。因此在一般情况下，用两支调浆方案较为简便。

3.4.2.4　充气调浆

利用原矿中各种硫化矿在充气搅拌时表面氧化程度的差异，可以扩大各种硫化矿可浮性的差别，这有利于下一步的分选。例如，对含铜硫化矿的矿浆进行充气调浆，加药以前充气调浆 30min，矿石中磁黄铁矿和黄铁矿受到氧化，而黄铜矿仍保持其原有的可浮性，甚至受到活化。但充气调浆时间过长，黄铜矿也会受到氧化，在其表面形成氢氧化铁薄膜，而降低可浮性。

3.4.3　药剂制度

前面讲了粒度和矿浆浓度对浮选工艺过程的重要性。在自然界中，天然可浮性好的矿物不多，大多数硫化矿、氧化矿等本身就亲水难浮，经过矿床中的温度、压力、地下水、风化等作用以及破碎磨矿过程，表面受污染，其可浮性受到影响。即使是天然可浮性好的矿物，受到氧化和水化作用，可浮性也会降低。为了实现各类矿物的浮选，就需要改变矿物的可浮选，目前最有效的方法是通过加入浮选药剂，造成矿物表面的“人为可浮性”，调节矿物的可浮性和改善气泡的性质，从而达到控制浮选过程的目的。生产过程中对所需添加药剂的种类、用量、配制、添加位置和方式等的总称，称为药剂制度，俗称“药方”。它是浮选工艺中的一个关键因素，对浮选指标有重大影响。

3.4.3.1　药剂的配制方法

在实际生产条件下，浮选药剂常常需要配制成一定浓度的溶液后才能加入到矿浆中。配制方法大致分为将固态药剂溶入溶剂中和将不同浓度不同种类的药剂溶液加以混合，这对提高药效、改善浮选工艺指标有重要意义。具体配制方法的选择主要根据药剂的性质、添加位置、添加方式和功能而定，常用的有下列方法：

(1) 液态药剂的直接应用。这类药剂不需要配制，在生产中可直接用原药添加，如2号油、煤油等。

(2) 配制成1%~10%的水溶液。这类药剂大多可溶于水，如黄药、硫酸铜、硫酸、水玻璃等。

(3) 溶剂配制法。对于一些不易溶于水的药剂，在不改变药剂捕收性质的前提下，可将其溶于特殊的溶剂中。如白药不溶于水，但溶于10%~20%的苯溶液，因此需配制成苯胺混合溶液之后才能使用。

(4) 皂化。皂化是脂肪酸类捕收剂最常用的方法。如我国赤铁矿，用氧化石蜡皂和妥尔油配合作捕收剂。为了使妥尔油皂化，配制药剂时，添加10%左右的碳酸钠，并加温制成热的皂液使用。

(5) 乳化。乳化的方法有机械强烈搅拌和超声波乳化等。脂肪酸酯类、柴油经过乳化以后，可以增加它们在矿浆中的弥散，提高效用。此外，加入乳化剂乳化效果更好，如用妥尔油、柴油乳化时常在水中加入乳化剂——烷基芳基磺酸盐等表面活性物质帮助乳化。

(6) 酸化。在使用阳离子捕收剂时，由于它的水溶性很差，因而必须用盐酸或醋酸进行质子化处理，然后才溶于水，供浮选使用。

(7) 氧溶液法。这是强化药剂作用的药剂配制新方法，其实质是使用一种喷雾装置，将药剂在空气介质中雾化以后，直接加到浮选槽内，故也称为“气溶胶浮选法”。如日本田老选矿厂的试验证明，将捕收剂、起泡剂等与空气混合制成气溶胶，直接加入浮选矿浆内，不但可以改善铜、铅矿物的浮选指标，而且药耗显著下降。捕收剂用量仅为通常用量的1/4~1/3，起泡剂（甲基戊醇）用量为通常用量的1/5。我国气溶胶法加药试验也证明，药剂用量可降低30%~50%。

(8) 药剂的电化学处理。即在溶液中通以直流电对浮选药剂进行电化学处理。该法可改变药剂本身状态、溶液的 pH 值及氧化还原电位值，从而提高药剂最有活化作用组分的浓度、提高形成胶粒的临界浓度以及提高难溶药剂在水中的分散程度等。

3.4.3.2 加药的位置及方式

一般情况下，浮选药剂都是在小型试验的基础上通过对试验结果的分析而确定的。其加药点及加药方式的选择，应充分考虑矿石的特性及其浮选工艺的具体条件、药剂的用途及溶解度等。通常矿浆调整剂在磨矿机中加入，可消除原矿中或破碎中起活化或抑制作用的"难免离子"对浮选过程的有害影响。抑制剂在加捕收剂之前加入，也可加到磨矿机中；活化剂通常在搅拌槽中加入以使其与矿浆作用一定的时间。捕收剂和起泡剂或同时具有捕收、起泡作用的药剂加到搅拌槽和浮选机中，而对于难溶的捕收剂（如甲酚黑药、白药、煤油等），为促使其溶解和分散、延长其与矿物的作用时间，也常在磨矿机中加入。

常见的加药顺序为：

(1) 浮选原矿时，调整剂—抑制剂—捕收剂—起泡剂。

(2) 浮选被抑制的矿物时，活化剂—捕收剂—起泡剂。

加药可采用一次添加、分批添加两种方式。一次添加是将某种药剂在浮选前一次加入矿浆中，从而使某作业点的药剂浓度增高，作用强度增大。对于易溶于水的、不致被泡沫机械地带走的，并且在矿浆中不易起反应而失效的药剂（如苏打、石灰等），常采用一次加药。

分批加药是将某种药剂在浮选过程中分批加入。一般在浮选前加入总量的20%~60%，其余分几批加入适当作业点，这样可以维持浮选作业线的药剂浓度，有利于改善精矿质量，与一次添加相比，可获得较高的回收率和降低药剂成本。对于下列情况，应采用分批添加：

(1) 难溶于水的、易被泡沫带走的药剂，如油酸、脂肪胺类捕收剂等。

(2) 在矿浆中易起反应的药剂，如二氧化碳、二氧化硫等。

(3) 用量要求严格控制的药剂，如硫化钠，局部浓度过大，就会失去选择作用。

3.4.3.3 药剂的合理添加

浮选过程中药剂制度的最佳化和准确控制药剂用量，对浮选过程的稳定、最大限度降低药耗和获得最佳的经济技术指标有着重要的影响。也就是说浮选药剂用量必须准确，才能获得较高的指标。当药剂用量不足时，浮游矿物疏水性不好，回收率低；而当药剂用量过大时，会使部分已被抑制的矿物上浮，同时已被抑制的矿粒会造成气泡表面的竞争胶质吸附，因而减少了目的矿物的上浮概率，导致回收率和精矿质量都有所下降。

通过实验室实验和工业试验，在了解矿浆中药剂和矿物之间、各种药剂浓度之间的相互关系及其对浮选指标产生的影响的基础上，可以准确地控制药剂用量。在浮选厂中，如果已知所使用药剂的单位消耗量、配制药剂的浓度，则单位时间输往作业的药剂量，可按式（3-5）计算：

$$x = \frac{bQ \times 1000}{m \times 60} \tag{3-5}$$

式中　Q——矿石的小时处理量，t；

m——药剂浓度，g/L；

b——纯药剂的消耗量，g/t；

x——单位作业时间消耗的药剂量，mL/min。

当计算在实验室实验所需药剂消耗时，可利用式（3-6）计算：

$$x = \frac{bQ \times 1000}{m} \tag{3-6}$$

式中　Q——矿石试量，g；

b——纯药剂的消耗量，g/t；

m——溶液浓度，g/L；

x——药剂溶液消耗的量，mL。

以原状溶液药液形式添加到浮选过程中，体积（如松油等）按式（3-7）进行计算：

$$x = \frac{b \times o}{\Delta \times 60} \tag{3-7}$$

式中　x——单位时间的药剂消耗量；

o——矿石的小时处理量，t；

b——药剂单位消耗量，g/t；

Δ——溶液浓度，g/L。

在实验室的实际工作中，当添加液体药剂时，按滴数来计算药剂用量更方便。为此，必须计算一定质量的该药剂的滴数。如某液体药剂 30 滴油药的总质量为 330mg，则一滴油药的质量为 11mg。

3.4.4　矿浆酸碱度

矿浆酸碱度是由矿浆 pH 值度量，范围在 1～14。矿浆 pH 值的变化直接或间接影响浮选过程中矿物的可浮性，浮选矿物的回收率与一定范围内的矿浆 pH 值有密切关系。

3.4.4.1　*矿浆 pH 值对浮选的影响*

矿浆 pH 值调整剂对浮选体系的主要作用形式为：

（1）改变溶液的 pH 值，从而改变矿物表面的可溶性。

（2）形成难溶化合物，其中多数是低溶度积的多价金属氢氧化物和碳酸盐。由于形成难溶化合物时，出现了晶核，这些晶核长大到胶体分散颗粒和微细分散颗粒的大小时将会严重影响浮选效率。

（3）改变介质 pH 值，对离子型捕收剂在固体表面的吸附影响很大，从而严重影响各种矿物的浮选。

（4）由于 OH^- 的存在会形成多价金属氢氧化物，与捕收剂阴离子产生竞争反应，因而会降低阴离子捕收剂的吸附量。当矿浆 pH 值超过临界值时，大多硫化矿的浮选将会受到强烈抑制。

（5）改变浮选矿浆悬浮液的聚集稳定性。在生产中经常发现，在碱性介质中，矿浆悬浮液较稳定，能使形成的集合体分散，并可将阻碍选择性浮选的黏附在矿物表面的矿泥洗去。但使用石灰作矿浆 pH 值调整剂时，有时会出现凝聚现象。

（6）当胶体分散颗粒（矿浆中的反应产物）在气泡表面附着形成稀疏的薄膜时，矿物被活化，能使固体颗粒对气泡的吸引力增大。相反，厚实的胶体薄膜将阻碍矿粒在气泡上附着，使矿物被抑制。

3.4.4.2 药剂与矿浆 pH 值的关系

在实际生产中，控制矿浆的酸碱度对于降低药耗、提高选矿经济指标有重要意义。黄药是浮选中最常用的捕收剂，在水中水解成黄原酸 HX，然后解离成 X^-（X^- 表示 $ROCSS^-$）和 H^+。浮选矿浆 pH 值应为 $pH < pKa$（Ka 为药剂解离常数），如图 3-9 所示。当浮选矿浆 pH 值小于 4 时，黄药主要以 HX 形式存在，闪锌矿浮选效果通常在矿浆 pH 值为 2 ~ 4 时最好。图 3-9 说明 pH < 1 后，闪锌矿不

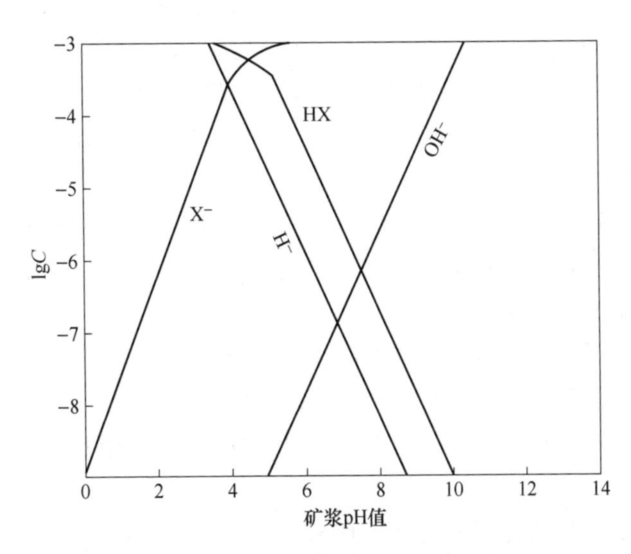

图 3-9 浮选矿浆各组分的浓度对数图（黄药浓度 1.0×10^{-3} mol/L）

浮的原因，虽然黄药这时是100%的HX。浮选矿浆pH值应为pH > p*K*a，如图3-10所示，当矿浆pH值大于4时，方铅矿浮选效果最好，此时黄药主要以X^-形成存在；但当矿浆pH值大于11时，方铅矿可浮性下降，这可能是存在OH^-的竞争吸附的缘故。

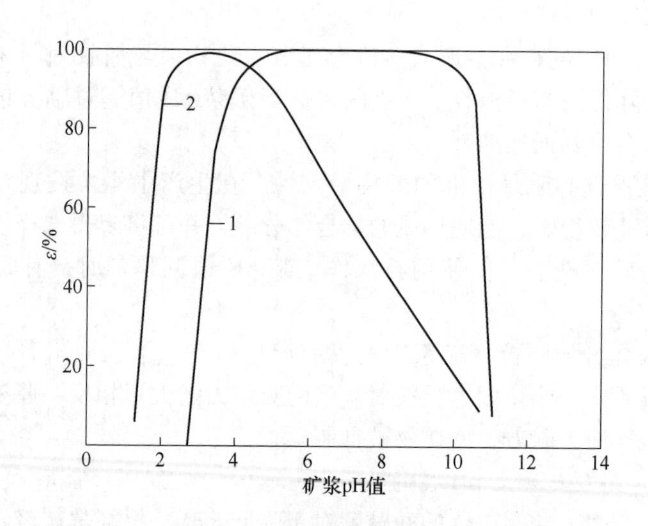

图3-10　铅锌硫化矿浮选回收率 ε 与矿浆 pH 值的关系

1—方铅矿；2—闪锌矿

3.4.5　矿浆温度

矿浆温度在浮选过程中常常起重要的作用，也是影响浮选的一个重要因素。调节矿浆温度主要来自两个方面的要求：(1) 药剂的性质，有些药剂要在一定的温度下才能发挥其有效作用；(2) 有些特殊的工艺，要求提高矿浆温度才能达到分选矿物的目的。

非硫化矿浮选：使用某些难溶的、且溶解度随温度而变化的捕收剂（如脂肪酸类和脂肪胺类）时，提高矿浆温度可以使其溶解度和捕收力增加，常常能大幅度降低药耗并提高回收率。

硫化矿加温浮选：用黄药类捕收剂浮选多金属硫化矿时，将混合精矿加热至一定温度可以促进矿物表面捕收剂的解吸，强化抑制作用，解决多金属硫化矿混合精矿在常温下难以分离的问题，减少抑制剂用量或不用氰化物一类剧毒性抑制剂。

加温浮选工艺虽然有很多优点，但尚存在一些技术问题，在实践中应注意并加以解决。

3.4.6 浮选对水质的要求

水是浮选过程中的重要介质，水质的好坏对浮选指标有重要影响。在大多数情况下，江河、湖泊的水都适合浮选的要求，其特点是含盐量较低，含多价金属离子也较少。

浮选回水循环使用，无论从环境保护，还是从降低工业用水成本来说都是十分必要的。浮选回水的特点是含有较多的有机和无机药剂，组成较为复杂。回水中的浮选药剂含量有时比自然水高出 50～100 倍，而且还含有固体物质，特别是细粒矿泥，对浮选不利。一般要求循环使用的水的固体质量浓度控制在 0.2～0.38g/L。如果回水的 pH 值过高，必要时需要进行中和处理。浮选单金属矿石时，利用回水比较简单。如铜镍硫浮选时，回水直接返回使用可以降低药剂用量（碱 17%、黄药 23%）。浮选多金属矿石时，回水的循环使用比较复杂。如铅锌矿混合浮选，精矿脱水后的溢流、尾矿回水都可返回流程前部作业。如遇到更复杂的情况，原则上认为，同一回路排出的废水，用于同一回路是比较合理的。具体方案及使用比例（新水：回水），一般都需要通过试验来确定。

3.4.6.1 水的硬度

水的硬度通常以水中 Ca^{2+}、Mg^{2+} 含量的多少来衡量。

（1）软水。水中 Ca^{2+}、Mg^{2+} 质量浓度小于 142mg/L 的水称为软水，大多数江河、湖泊的水都属于软水，也是浮选中使用最多的一种。软水的含盐量一般小于 0.1%。

（2）硬水。水中 Ca^{2+}、Mg^{2+} 质量浓度大于 142mg/L 的水统称为硬水，将其进一步细分：水中 Ca^{2+}、Mg^{2+} 质量浓度为 142～285mg/L 的水称为中等硬水，大于 534mg/L 的水称为特硬水。硬水含有较多的多价金属离子，如 Ca^{2+}、Mg^{2+}、Fe^{2+}、Fe^{3+}、Ba^{2+}、Sr^{2+} 等，以及阴离子，如 HCO_3^-、SO_4^{2-}、Cl^-、CO_3^{2-}、$HS_2O_4^-$ 等。实践表明，硬水对脂肪酸类捕收剂的浮选有害。主要表现为 Ca^{2+}、Mg^{2+} 及 Fe^{3+} 等多价金属离子会与脂肪酸类捕收剂发生反应生成难溶化合物，使捕收剂失效。同时这些离子还会破坏浮选过程的选择性。因此，浮选生产用水应严格控制 Ca^{2+} 及其他高价金属离子的浓度。

（3）咸水。海水和部分咸湖水属于咸水，其特点是含盐量较高，一般为 0.1%～5%。某铅锌矿用海水进行浮选试验，结果表明：对铅的浮选指标没有影响，精矿品位、杂质含量、回收率与淡水浮选指标均相近；但对锌的浮选有一定影响，表现在药剂用量增加，如石灰、硫酸铜用量增加，脉石比较易浮，需要添加水玻璃，锌精矿品位和回收率略低于淡水浮选指标。此外，用海水浮选时应注意设备的防腐。

3.4.6.2 循环用水概念

选矿是一耗水量大的行业，废水中含有大量以泥土、矿粉等为主体的悬浮物，此外还含有浮选药剂，因此对环境的危害较大。特别是使用氰化物处理含银矿物时，废水对环境的危害更为突出。通常，浮选厂耗水量为3.4～4.5m^3/t，浮选－磁选厂耗水量为6～9m^3/t，重选－浮选厂为27～30m^3/t，洗选原煤厂为3.5～4.5m^3/t。选厂产生的废水的主要特征有：排水量大，持续时间长，悬浮物含量高，化学成分复杂，含有害物质种类较多，浓度较低且极不稳定。此外，废水污染范围大，影响地区广，不仅在本矿区，还容易造成附近水域的严重污染。因浮选厂排放的废水中含有浮选所用的药剂，为了减轻环境污染且变废为宝，可以将这些废水处理后再返回生产过程循环使用。

所谓循环用水，是指水反复地用于同一目的；重复用水则指水经过一次以上的使用且每次使用的目的不同。

采用循环或重复用水，使废水在一定的生产过程中多次重复利用。实现一水多用，不但可以降低废水的排放量、节约水资源，并可以回收部分有用矿物。甚至有的矿山已成功地实现了井下酸性废水与选矿厂碱性废水的重复利用。

3.4.7 浮选时间

3.4.7.1 浮选时间的确定

浮选时间对浮选指标的影响很大，对浮选机类型的选择也有重要影响。在浮选试验中，浮选时间通常为1～15min。在进行浮选试验时都应记录浮选时间。

当浮选试验条件确定后，可按分批刮泡所设定的时间，选取相应的泡沫产品，直至浮选终点。将试验结果绘制成曲线，如图3-11所示，可确定达到某一回收率和品位所需的浮选时间。

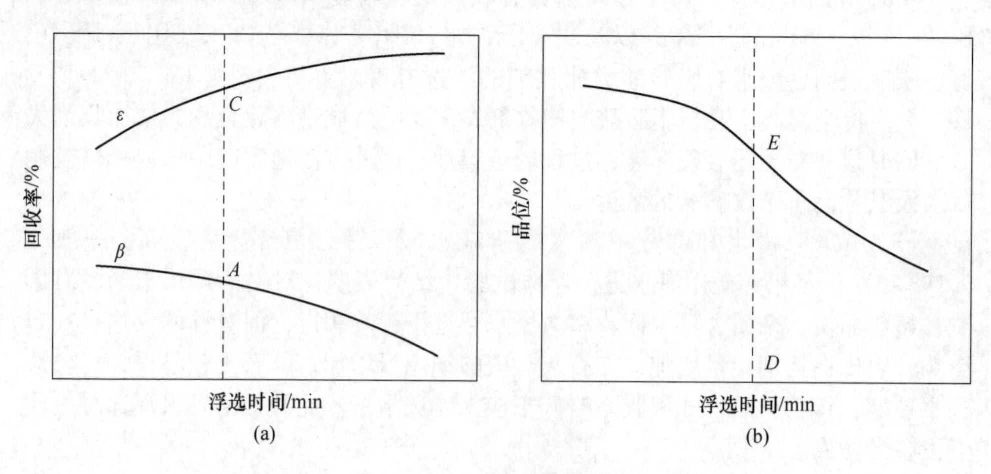

图3-11　浮选时间

(a) 浮选时间与回收率的关系；(b) 浮选时间与品位的关系

3.4.7.2 浮选工艺时间

浮选工艺中，浮选时间过长，虽然精矿中有用成分的回收率有所增加，但精矿质量不免会降低。而试验的浮选时间比工业生产的时间要短，故在设计安装浮选机时要延长浮选时间，并参照类似矿石的浮选生产实例确定浮选时间。实验室与工业生产浮选时间调整系数一般取1.5~2.0。

在浮选厂的实际生产中，浮选时间的长短主要由单位时间内所处理的矿石量和入选矿浆浓度来决定，单位时间处理量增加或矿浆浓度降低，都会使浮选时间缩短。一般认为，原矿品位高，需要较长的浮选时间。浮选细粒矿物比浮选粗粒矿物的时间长，多金属矿石优先浮选时，浮选时间的确定尤为重要。

3.4.8 浮选操作

3.4.8.1 浮选操作的要求

浮选操作是浮选岗位工人对浮选生产的控制程度，岗位工人应根据生产过程的变化，及时调整操作，以便获得好的生产技术指标。

浮选操作中岗位工人最主要的工作是维持设备的正常运转，通过观察浮选过程的各种现象，判断浮选泡沫产品的质量，及时调整浮选药剂、矿浆的浓度，确定泡沫的刮出量。在长期的浮选操作中，掌握必要的操作可以使浮选过程得到有效控制，即应该做好“三会”“四准”“四好”“两及时”“一不动”。

（1）“三会”是指会观察泡沫、会测浓度和粒度、会调整。

（2）“四准”是指药剂配制和添加准、品位变化看得准、发生变化原因找得准、泡沫刮出量掌握准。

（3）“四好”是指浮选与处理量控制好、浮选与磨矿分级联系好、浮选与药台联系好、浮选各作业联系好。

（4）“两及时”是指发现问题及时、处理问题及时。

（5）“一不动”是指生产正常不乱动。

3.4.8.2 矿化泡沫的观察

浮选泡沫的外观包括泡沫的虚实、大小、颜色、光泽、轮廓、厚薄强度、流动性、音响等物理性质。泡沫的外观随浮选作业点而异，但在特定的作业常有特定的现象，为保证精矿质量和回收率，通常在最终精矿产出点、粗选作业、浮选过程的补药点和扫选作业等处观察泡沫。

（1）泡沫的“空与实”主要反映气泡表面附着矿粒的多与少。气泡表面附着的矿粒多而密，称为“实”，相反气泡表面附着的矿粒少而稀，称为“空”。一般粗选区和精选区的泡沫比较“实”，扫选的泡沫比较“空”。当捕收剂、活化剂用量大，抑制剂用量小时，会发生所谓的泡沫“结板”现象。

（2）泡沫的大与小，常随矿石性质、药剂制度和浮选区域而变。一般在硫化矿浮选中，直径 8cm 以上的泡，可看作大泡；直径 3 ~ 5cm 的泡视为中泡；直径 3cm 以下的泡可视为小泡。因为气泡的大小与气泡的矿化程度有关。气泡矿化时，气泡中等，故粗选和精选常见的多为中泡。气泡矿化过度时，阻碍矿化气泡的兼并，常形成不正常的小泡。气泡矿化极差时，小泡虽不断兼并变大，但经不起震动，容易破裂。

（3）泡沫的颜色由泡沫表面附着矿物的颜色决定。如浮选黄铜矿时，精矿泡沫呈黄绿色；浮选黄铁矿时，精矿泡沫呈草黄色；浮选方铅矿时，精矿泡沫呈铅灰色。精选时浮游矿物泡沫颜色越深，精矿品位越高。扫选时浮游矿物泡沫颜色越深，则浮选的目的矿物损失越大。

（4）泡沫的光泽由附着矿物的光泽和水膜决定。硫化矿物常呈金属光泽，金属光泽强表示泡沫矿化好，金属光泽弱表示泡沫带矿少。

（5）泡沫层的厚、薄与入选的原矿品位、起泡剂用量、矿浆浓度和矿石性质有关。一般粗选（高品位原矿除外）、扫选作业要求较薄的泡沫层，精选作业应保持较厚的泡沫层。

（6）泡沫的脆和黏与药剂用量和浮选粒度等有关。当捕收剂、起泡剂和调整剂的用量配比准确，磨矿细度适当时，泡沫层有气泡闪烁破裂，泡沫显得性脆，反之，泡沫会显得性黏。如在黄铜矿浮选时，如果石灰过量，泡沫发黏、韧性大、难破裂，在泡沫槽易发生跑槽。

（7）轮廓是当矿浆表面形成中度疏水性矿化泡沫时，矿浆表面含水量充足各气泡轮廓更加清晰，泡沫在矿浆表面停留时间长，矿物疏水性大。气泡壁干燥不完整后，气泡轮廓变得模糊；浮选时泡沫中的矿物较多而且杂的时候也会导致气泡的轮廓模糊。

（8）音响是泡沫被刮板刮入泡沫槽时，矿化泡沫附着矿物落入槽内发出的声音。如在铜矿浮选时，泡沫落入泡沫槽若发出“刷刷”的声音，则表示泡沫中带有较多的黄铁矿等，说明精矿品位较低。

上述泡沫在浮选中表现出的性质，是相互联系的综合体现。在正常情况下，浮选各作业点的泡沫矿化程度、颜色、光泽等应有明显区别。反之，操作人员必须查明原因，并及时调整。

3.4.8.3 泡沫刮出量的控制

一般在浮选过程中，泡沫的刮出量与矿石性质有着较为密切的关系，并与浮选工艺的技术要求相关。总体而言，从粗选到扫选，泡沫的刮出量应从多到少；为了提高精矿质量精选作业需要有较厚的泡沫层，不能带浆刮泡。

3.4.9 浮选流程

浮选流程，一般定义为矿石浮选时，矿浆流经各作业的总称。不同类型的矿石，应该使用不同的浮选流程。同时，流程也反映了被处理矿石的工艺特性，因此又常称为浮选工艺流程。

3.4.9.1 浮选原则流程

浮选原则流程，又称骨干流程，指处理矿石的原则方案。其中包括段数、循环（又称回路）和矿物的浮选顺序。

A 段数

段数是指磨矿与浮选结合的数目，一般磨一次浮选一次称一段。矿石中常常不止一种矿物，一次磨矿以后，要分选出几种矿物，这种情况还是称一段，只是有几个循环而已。矿物嵌布粒度较细，通常需进行两次以上磨矿才能进行浮选，如两次磨矿之间没有浮选作业，这也称为一段。一段流程只适用于嵌布粒度较均匀、相对较粗且不易泥化的矿石。

多段流程是指两段以上的流程。多段流程的种类较多，主要由矿物嵌布粒度特性和泥化趋势决定。现以两段流程为例。两段流程可能的方案有 3 种，即精矿再磨、尾矿再磨和中矿再磨，如图 3-12 所示。

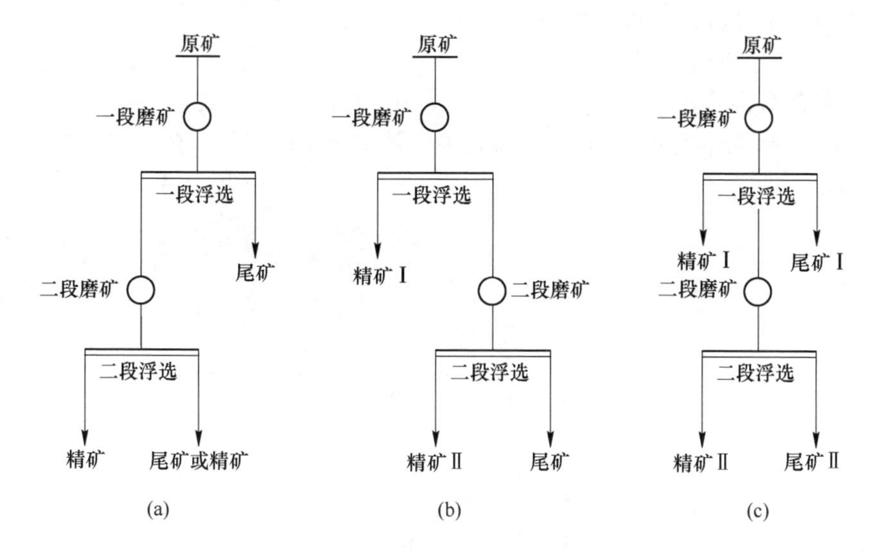

图 3-12 两段流程

（a）精矿再磨；（b）尾矿再磨；（c）中矿再磨

上述流程的应用，都是针对不同矿石中有用矿物的嵌布特性，选择较适合的工艺流程。若在粗磨条件下，矿物集合体就能与脉石分离而得到混合精矿和一部分尾矿，则宜采用精矿再磨流程。对于有用矿物嵌布很不均匀的矿石，或容易氧化和泥化的矿石，可以在粗磨条件下先浮选分离出部分合格精矿，然后将含有细粒目的矿物的尾矿进行再磨再选。而对于含有大量连生体的中矿，则宜采用中矿再磨工艺进行分选。

B　循环

循环也称回路，通常以所选矿物中的金属（或矿物）来命名。

C　矿物的浮选顺序

矿石中矿物的可浮性、矿物之间的共生关系等因素与浮选顺序有关。多金属矿石如含铜、铅、锌等的硫化矿石的浮选流程主要可分为：

(1) 优先浮选流程。是依次分别浮选出各种有用矿物的浮选流程，如图 3-13 所示。该流程的特点是具有较高的灵活性，对原矿品位较高的原生硫化矿比较适合。

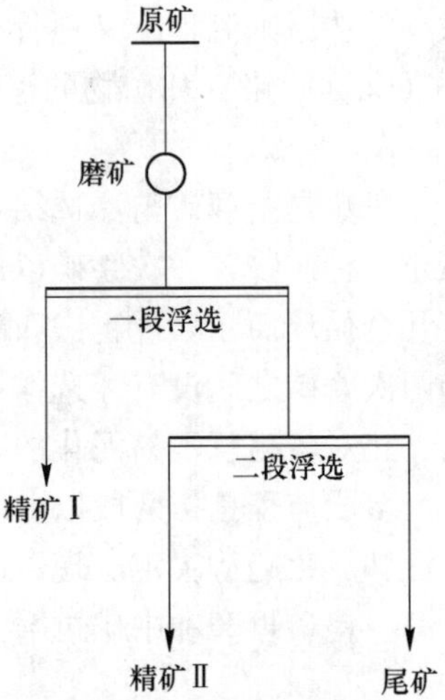

(2) 混合浮选流程。是先将矿石中全部有用矿物一起浮出得到混合精矿，然后再将混合精矿依次分选得到各种有用矿物的流程，如图 3-14 所示。这种流程对原矿中硫化矿总含量不高、硫化矿物之间共生密切、嵌布粒度细的矿石比较适用。它能简化工艺、减小矿物过粉碎、利于分选。

图 3-13　优先浮选流程

(3) 部分混合浮选流程。是先将矿石中两种有用矿物一起浮出得到混合精矿，再将混合精矿分离得到单一精矿的流程，如图 3-15 所示。

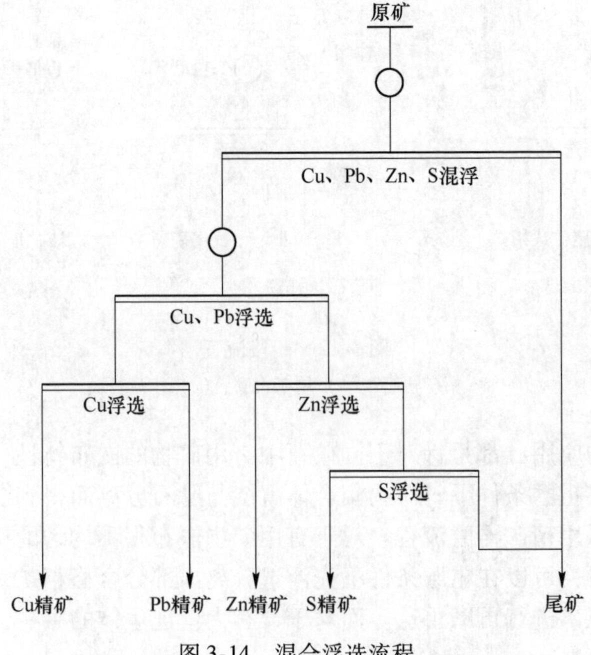

图 3-14　混合浮选流程

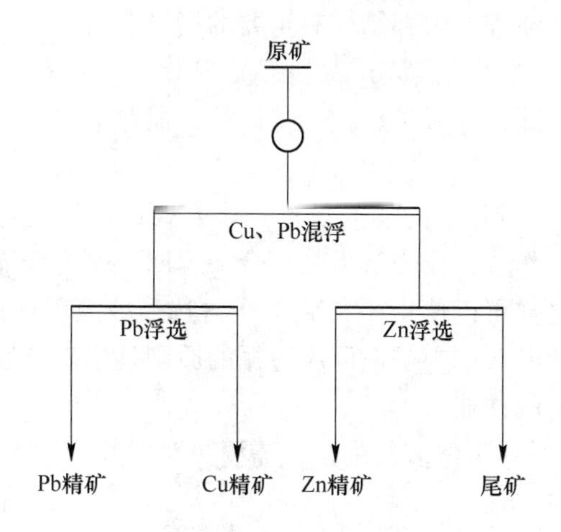

图 3-15 部分混合浮选流程

（4）等可浮流程。是根据矿石中矿物可浮性的差异，先依次浮选出可浮性好、中等可浮和可浮性较差的矿物，然后再依次分选各混合精矿得到不同有用矿物精矿的流程，如图 3-16 所示。

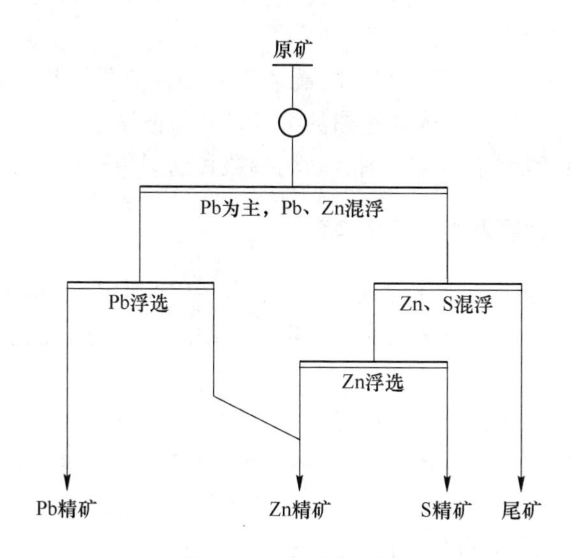

图 3-16 等可浮流程

3.4.9.2 内部结构

流程内部结构，除包含原则流程的内容外，还须详细说明各段磨矿分级次数，每个循环的粗选、精选、扫选次数，以及中矿处理方式等。

（1）粗选、精选、扫选。粗选一般都是一次，只有很少情况采用两次以上。精选和扫选次数则由矿石性质、产品质量要求和分选矿物的价值确定。同时浮选试验研究对确定浮选流程的内部结构有重要的指导意义。

（2）中矿处理。浮选的最终产品是精矿和尾矿，但在浮选过程中，经常会产出一些中间产品，即精选尾矿、扫选精矿等，惯称中矿。中矿在浮选过程中常见的处理方式如下：

1）中矿返回浮选过程中的适当位置。该方式最常见的是循序返回，即后一作业的中矿返回前一作业；较为常见的是合一返回，即将全部中矿合并在一起返回前面某一作业，这样可以使中矿得到多次再选，该流程适用于矿物可浮性好、对精矿质量要求高的矿石。中矿返回应遵循的原则是中矿应返回到矿物组成和矿物可浮性等与其相似的作业。

2）中矿再磨。对连生体多的中矿，需要再磨再选。

3.4.9.3 流程表示法

流程的表示方法多种多样，各个国家采用的表示方法也不一样。最常见的有：机械联系图和线式流程图。

（1）机械联系图。就是将浮选工艺流程中的磨机、分级机、调浆槽、浮选机、砂泵等设备绘成简单的形象图，用带箭头的线条连接各形象图和表示矿浆流向。这种图的特点是形象化，能表示设备在现场配置的相对位置。缺点是比较复杂，日常不便于使用。

（2）线式流程图。这是目前我国最常见的一种流程图表示法。它与机械联系图相比，要简单得多。线式流程图的特点是容易把浮选的全过程较为完整地表示出来，并便于在流程中标注药剂、工艺参数和选别指标。

3.4.10 浮选流程计算及生产流程考查

浮选流程计算与生产流程考查是浮选厂生产中经常进行的技术工作，通过了解矿物的金属流向和作业负荷的实际状况，可以对生产的作业过程及药剂的合理添加起到指导作用。

3.4.10.1 流程计算的基本原则

流程计算的目的在于确定流程中各产物的工艺指标，即产物的质量、产率、品位、金属量和回收率等。在某些情况下，还要计算出作业回收率、富集比和选矿比。确定流程计算的条件，都必须具有一定数量的已知条件，这些已知条件的数量是必要的原始数据，可根据流程计算的要求合理地进行选择，原则如下：

（1）所选取的原始指标应该是生产过程中最稳定、影响最大且必须控制的指标。

（2）对于同一产物，不能同时选取产率、品位和回收率作为原始指标，因为对同一产物，只要知道其中两个指标，通过三者的函数关系即可算出第三个指标。

（3）对于同一产物所选取的指标，不能同时是产率和回收率，应该是产率和品位或回收率和品位。

3.4.10.2 生产流程考查内容和方法

生产流程考查的目的是对选别工艺流程的各作业的工艺条件、技术指标、作业效率进行较全面的测定和考查。通过对流程中各产物的数量、粒度组成、品位的测定，进行计算和综合分析，从中发现生产中存在的问题，以便提出改进方案，为选别技术经济指标的提高和挖掘工艺流程潜力作相应的准备。

A 考查内容

（1）原矿的分析，包括磨矿下细度、矿浆浓度、矿石处理量和品位。

（2）选别流程中作业点矿量的测定和取样，以满足流程计算的需要。

（3）分析流程中的作业回收率和各作业富集比，以及作业生产负荷等。

（4）尾矿中目的矿物的金属损失分析和粒度分析。

在现场生产中进行全流程考查，由于需要准备的时间长、工具多、人员多和工作量较大，也可以根据具体情况进行单独考查，或针对生产中的某一薄弱环节进行一项或几项局部考查。

B 考查方法

不同的浮选厂，由于矿石中所选别的目的矿物和矿石性质的不同，采用的工艺流程也不一样，考查目的和要求也各有差异。因此，考查的方法及步骤需要根据考查的目的而定。但总体上有：

a 考查前的准备

（1）根据考查内容布置好取样点。取样点的布置、取样点的多少和样品的种类，如筛析样、水析样、水分样、质量样、化学分析样等，都由考查目的决定。

（2）调查生产过程中所取矿样的代表性，以保证考查结果的代表性。

（3）调查生产设备的运转情况，以保证考查时生产流程的正常运转。

b 取样人员的组织和取样工具的准备

各取样工具、容器应贴上标签。同时，各取样点应有专人负责，并作详细记录，以便做到所取样品可以准确反映当时的生产、操作情况。

c 取样

（1）入选矿石的当班处理量。可由原矿计量确定。

（2）取样时间和次数。取样时间一般为 4 ~ 8h，一般每隔 10 ~ 20min 取 1 次。若在取样当班内发生设备故障或突然停电、断矿等特殊情况，应及时处理，详细记录。一般在连续取样时间内，若正常操作达不到 80%，则样品无代表性。

（3）取样方法。不同取样点的取样方法不同，但同一取样点取样方法应一致。取样量也应基本相同。一般使用刮取法、截流法取样。

刮取法多用于松散固体物料，如从皮带运输机上的取样，它是利用一定长度的刮板，垂直于料流方向刮取一段矿石。

截流法多用于矿浆的取样，它是利用取样勺在矿浆流速不太大的地方垂直于矿浆方向进行截取。

d　样品的处理

（1）浓度样处理。凡需测定浓度的产品，一般不需缩分。处理流程为：称重—过滤—烘干—计算。

（2）粒级样处理。将矿浆样混匀、缩分，取出适当质量的样品作筛析样，并预留一定数量的样品。一般大于0.074mm粒级样品用筛析处理，即进行湿筛和干筛；小于0.074mm粒级样品用水析处理。

（3）化学分析样处理。处理流程为：过滤—烘干—碾细混匀—缩分—碾细至化验要求（-150目，即-0.106mm）—混匀—取化验样。

3.4.11　金属平衡

浮选厂处理矿石的金属量在理论上应等于选矿产品中所含的金属量，但在实际生产金属平衡表中一般都不一样。差值与取样的准确性、加工样品和化验分析的误差及生产过程的机械损失等有关。如果差值不超过矿石中金属含量（质量分数）的1.0%，可以用改变选矿产品的质量或产品中金属的含量（质量分数）的办法加以平衡，也可以用经常误差的统计数据计算出修正值加以平衡。

3.4.11.1　理论金属平衡的编制

理论金属平衡的编制只要在已知原矿品位、产品的精矿和尾矿品位的情况下，通过理论计算就可知其他的相对量。

A　含有一种金属矿物的金属平衡

已知原矿品位为α，产品的精矿和尾矿品位分别为β、θ，则精矿产率：$\gamma_1 = \dfrac{\alpha - \theta}{\beta - \theta} \times 100\%$；金属平衡：$100\alpha = \gamma_1\beta + \gamma_0\theta$；尾矿产率：$\gamma_0 = 100 - \gamma_1$。

B　含有两种金属矿物的金属平衡

以铅锌矿为例，浮选得到的铅精矿、锌精矿和尾矿的各项指标分别表示为：γ_{Pb}、γ_{Zn}、γ_0为铅精矿、锌精矿、尾矿的产率，%；∂_{Pb}、∂_{Zn}为矿石中铅、锌的质量分数，%；β_{Pb}、β'_{Zn}为铅精矿中铅、锌的质量分数，%；β_{Zn}、β'_{Pb}为锌精矿中的锌、铅的质量分数，%；θ_{Pb}、θ_{Zn}为尾矿中铅、锌的质量分数，%。

这种矿石的矿量平衡为

$$\gamma_{Pb} + \gamma_{Zn} + \gamma_0 = 100\% \tag{3-8}$$

锌金属量的平衡为

$$100\% a_{Zn} = \beta'_{Zn}\gamma_{Pb} + \beta_{Zn}\gamma_{Zn} + \theta_{Zn}\gamma_0 \tag{3-9}$$

则，铅精矿的产率为

$$\gamma_{Pb}=\frac{(\partial_{Pb}-\theta_{Pb})(\beta_{Zn}-\theta_{Zn})-(\partial_{Zn}-\theta_{Zn})(\beta'_{Pb}-\theta_{Pb})}{(\beta_{Pb}-\theta_{Pb})(\beta_{Zn}-\theta_{Zn})-(\beta'_{Zn}-\theta_{Zn})(\beta'_{Pb}-\theta_{Pb})}\times 100\% \tag{3-10}$$

锌精矿的产率为

$$\gamma_{Zn}=\frac{(\partial_{Zn}-\theta_{Zn})(\beta_{Pb}-\theta_{Pb})-(\beta'_{Zn}-\theta_{Zn})(\partial_{Pb}-\theta_{Pb})}{(\beta_{Zn}-\theta_{Zn})(\beta_{Pb}-\theta_{Pb})-(\beta'_{Zn}-\theta_{Zn})(\beta'_{Pb}-\theta_{Pb})}\times 100\% \tag{3-11}$$

在生产条件下，为了简化式（3-10）和式（3-11）的运算，可用列表的方式进行计算或用符号标明各金属的差值，即

$$A=\partial_{Pb}-\theta_{Pb},B=\partial_{Zn}-\theta_{Zn},$$
$$C=\beta_{Pb}-\theta_{Pb},D=\beta'_{Zn}-\theta_{Zn},$$
$$E=\beta'_{Pb}-\theta_{Pb},F=\beta_{Zn}-\theta_{Zn}$$

即可得出：

$$\gamma_{Pb}=\frac{AF-BE}{CF-DE}\times 100\% \tag{3-12}$$

$$\gamma_{Zn}=\frac{CB-DA}{CF-DE}\times 100\% \tag{3-13}$$

$$\gamma_0=100-(\gamma_{Pb}+\gamma_{Zn}) \tag{3-14}$$

对于有3种或3种以上产品的金属，由于计算烦琐，应当将生产流程划分成各个单独的作业进行计算。

3.4.11.2　实际金属平衡的编制

实际金属平衡是通过各种计量检测手段，考查原矿金属与精矿、尾矿金属之间的平衡关系，查明金属去向，找出生产薄弱环节，以及分析各种误差对金属平衡的影响。同时，金属平衡工作是选矿厂全面质量管理的基础，是衡量选矿生产、技术、经营管理的重要标志，因此，实际金属平衡应反映选矿厂及其工段在规定时间内，即班、日、月、季、年的工作情况。一般金属平衡指标用理论回收率与实际回收率之差值表示。金属平衡表的内容应包括：

（1）原矿及各种产品的质量、品位及金属量。

（2）理论回收率与实际回收率。

（3）各种金属平衡的差值。

当月度之间实际回收率之差、理论回收率与实际回收率之差大于2%时，管理者需引起注意：前者是技术问题，后者是管理问题。技术问题的解决方法前面章节已讲过，这里只讲管理问题的解决方法。

（1）流程“跑尾”偏高、出现跑冒滴漏。通过在日常生产管理中查漏补缺、清理整顿、调整药剂制度等方式解决。

（2）原矿品位化验值过高。这是精矿亏库的主要原因。金属平衡表的编制依据是生产过程中的化验、计量单据，不得随意更改。原矿品位化验值过高，势

必会造成实际回收率远远低于理论回收率，会给管理者的决策造成误导。解决此问题要从化验着手查找原因。

（3）精矿品位化验值偏低。这会给企业带来经济损失，解决此问题的方法是：加强化验的内外检频次，消除造成偏差的化验因素；加强现场流程样、入仓样、外销样之间的对比分析。

3.4.12　硫化铅锌矿浮选

硫化铅锌矿可分为铅锌矿、铅锌硫矿、铅锌萤石矿、单一铅矿或单一锌矿，后两者极为少见。硫化铅锌矿中最常见的伴生硫化矿物为黄铁矿和毒砂（砷）。

3.4.12.1　*主要矿物及其可浮性*

方铅矿（PbS）含 Pb 86.6%，是铅的主要矿物原料，可浮性较好。常用的捕收剂是黄药、黑药和乙硫氮。常用的抑制剂是重铬酸盐、硫化钠、亚硫酸及其盐等。水玻璃与其他药剂的组合使用对方铅矿也有明显的抑制作用。被重铬酸盐抑制过的方铅矿很难活化，要用盐酸或在酸性介质中用氯化钠处理后才能活化。

闪锌矿（ZnS）含 Zn 67.15%，是锌的主要硫化矿物，铁闪锌矿[(Zn,Fe)S]次之。闪锌矿的可浮性一般都不大好，易被抑制，通常要用硫酸铜预先活化，才能用黄药捕收。被铜离子活化了的闪锌矿的可浮性与铜蓝相似。未曾活化的闪锌矿用硫酸锌与碱就能抑制，被活化过的闪锌矿要用氰化物抑制，氰化物与硫酸锌混合使用效果更好。亚硫酸盐、硫代硫酸盐或二氧化硫气体可代替氰化物抑制闪锌矿。被抑制的闪锌矿常用硫酸铜活化。

砷黄铁矿（FeAsS）又名毒砂，是多金属硫化矿和贵金属矿石的浮选中最有害的矿物，其可浮性与黄铁矿相近，容易受铜离子等重金属离子的活化。在铜、铅、锌、金的浮选中，毒砂经常混入精矿，降低产品质量，甚至使精矿无法销售。毒砂在酸性介质中很易浮，矿浆 pH 值为 3 ~4 时可浮性最好，大于 6 后可浮性迅速下降，在 11 ~12 时难于上浮，故石灰是常用的毒砂抑制剂。充气氧化或添加氧化剂如高锰酸钾、漂白粉等能较有效抑制毒砂，但主要浮游矿物也可能因此受抑制，氰化物对毒砂有抑制作用，但常常不如高锰酸钾强。其次硫化钠、亚硫酸钠、硫代硫酸钠等与硫酸锌或石灰共用，都是多金属硫化矿浮选中抑制毒砂的有效方法。

3.4.12.2　*硫化铅锌矿的浮选方法*

处理硫化铅锌矿常用的浮选原则流程有优先浮选、混合浮选和等可浮 3 种。就磨浮段数来说，精选回路中的再磨（粗精矿再磨、中矿再磨）流程最为常见。

无论是采用哪一种原则流程都会遇到铅锌分离和锌硫分离的问题，分离的关键是合理地选用调整剂。分离的一般方法如下：

（1）铅锌分离。由于绝大多数方铅矿的可浮性较闪锌矿好，所以常用抑锌浮铅的方法。抑锌的药剂方案有氰化物法、少氰法和无氰法。氰化物法中常将氰化物和硫酸锌共用。工业上用得较多的无氰法见表3-6。

表3-6 浮铅抑锌常用的无氰方案

无氰抑制方案	应用厂家举例
硫酸锌法	泗顶、诸暨、代蓝塔拉、丙村
硫酸锌+碳酸钠（或石灰、硫化钠）法	水口山、清水塘、凡口、黄沙坪
硫酸锌+亚硫酸盐法	栖霞山、日本和澳大利亚某些选厂
硫酸锌+硫代硫酸盐法	赫章、桃林
二氧化硫法	丰羽、松峰（日本）
氢氧化钠法（矿浆pH值为9.5，黑药）	梅根（德国）
高锰酸钾法	克拉辛斯（苏联）

近年来日本推荐硫酸法抑铅浮锌。该法是将铅锌混合精矿在30℃条件下，用17% H_2SO_4 溶液酸化，搅拌7～10min，使方铅矿表面受到硫酸的氧化作用变成硫酸铅而被抑制，闪锌矿经酸洗后表面清洁，再用硫酸铜活化更易浮游。据报道，此法对于方铅矿的抑制效果达95%，闪锌矿仍有90%能够上浮。

浮铅常将黑药与黄药混用或单用选择性好的乙硫氮作捕收剂，国外个别选厂也将磺丁二酰胺酸（A-22）与黄药混合使用。

由于石灰对方铅矿有抑制作用，当矿石中黄铁矿少时，浮铅用碳酸钠作矿浆pH值调整剂较有利。原矿中黄铁矿含量较高时，则用石灰作pH值调整剂反而较好，因为石灰能抑制伴生的黄铁矿对浮铅有利。含黄铁矿较低时石灰用量不宜过大，粗选矿浆pH值控制在9以下，精选控制在11以下，pH值超过11时对铅有抑制作用。

当闪锌矿中有易浮的与难浮的两部分时，为了节省药剂，改善铅锌分离指标，可采用以铅为主铅锌等浮的等可浮流程。

（2）锌硫分离。锌硫分离有抑硫浮锌和抑锌浮硫两种方案，最常用的是浮锌抑硫法。锌硫分离常用石灰或石灰+少量氰化物抑硫。石灰用量按原矿或混合精矿中硫化铁矿物的含量和可浮性来调节，有的选厂矿石含硫高，易浮，为了避免石灰用量过大而引起操作不稳定，补加少量（5～10g/t）氰化物，可以显著改善抑硫效果，而锌的回收率不受影响。

在铅锌矿石浮选中，如何解决活性黄铁矿和毒砂的干扰，是极为重要的问题，以下几点可供参考。

（1）调整浮选流程，改变有用矿物浮选顺序，让活性硫化铁矿物先于闪锌矿与方铅矿一起浮出，进行铅硫分离后再浮闪锌矿。日本丰羽选厂就是采用铅硫混合浮选流程来解决活性黄铁矿的干扰的。西德梅根选厂采用优先浮铅再浮硫最后浮锌的流程，辅以特殊的作业条件——高碱度抑黄铁矿、高级黄药捕收铅矿物等，解决了可浮性好的胶状黄铁矿对分离的干扰。

(2) 采用高效抑制剂和特殊的作业条件抑制活性黄铁矿（高钙选铅法）。国外采用糊精、木质素、木质素磺酸盐等有机混合剂抑制可浮性好的含碳黄铁矿、磁黄铁矿和毒砂，在这种混合抑制剂中木质素磺酸盐可以减弱其对铅、锌硫化物的抑制，提高选择性。我国凡口铅锌矿和西德梅根选厂采用大量石灰（$pH > 11.5$）抑制黄铁矿，采用大量高级黄药捕收方铅矿，并将粗选作业的黄药全部或部分加入第一段球磨机。有的选厂采用加温法来加强对黄铁矿的抑制。

(3) 对毒砂的抑制也是较困难的，特别是矿石中存在重金属离子时更是如此。国外实践经验表明，联合使用石灰、二氧化硫、锌氰配合物能较有效地抑制闪锌矿和毒砂，进行铅锌分离或铜锌分离。如果往矿浆中充气则更加有效。使用这些药剂时添加地点和用量是最重要的参数。往矿浆中充气时，二氧化硫和锌氰络合物应加入磨矿机，而石灰应加入充气器，该顺序比将石灰加入磨矿机更有效。锌浮选时，用石灰抑制毒砂，石灰和硫酸铜都应加入充气器，充气10～15min，闪锌矿被活化，毒砂受抑制。

3.5 选矿试验

选矿厂建成投产之后，在生产过程中又会出现许多新的问题，要求进行新的试验研究工作将生产水平推向新的高度。它包括：

(1) 研究或引用新的工艺、流程、设备或药剂，以便提高现场生产技术指标；

(2) 开展资源综合利用研究；

(3) 确定该矿床中新矿体矿石的选矿工艺。

3.5.1 选矿试验的程序

选矿试验研究的程序一般如下：

(1) 由委托单位提出任务，说明要求，有时需编制专门的试验任务书；

(2) 在收集文献资料和调查研究的基础上，初步拟定试验工作计划，进行试验筹备工作，包括人员的组织和物质条件的准备，并配合地质部门和委托单位确定采样方案；

(3) 采取和制备试样；

(4) 进行矿石物质组成和物理化学性质的研究，并据此拟定试验方案和计划；

（5）按照试验要求进行选矿试验；

（6）整理试验结果，编写试验报告。

有关的试验任务书、合同和试验计划等通常都必须经过一定的组织程序审查批准；最终试验报告亦必须逐级审核签字，有时还需组织专家评议和鉴定，然后才能作为开展下一步研究工作或建设的依据。

选矿试验研究的阶段，按规模可分为：

（1）实验室试验。试验在实验室范围内进行，所需的试样量较小，主要设备的尺寸均比工业设备小，一般是实验室型，有时是半工业型，试验操作基本上是分批的，或者说是不连续的。

（2）中间试验。包括实验室试验与工业试验间不同中间规模的试验。同实验室试验相比，其特点是设备尺寸较大，能比较正确地模拟工业设备，试验操作基本上是连续的（全流程连续或局部连续），试验过程能在已达到稳定的状态下延续一段时间，因而试验条件和结果均比较接近工业生产，并能查明和确定在实验室条件下无法查明和确定的一些因素和参数，如设备型号和操作参数，以及消耗定额等。为了进行中间试验，除了可利用实验室或试验车间中的连续性试验装置或半工业设备外，有时可能需要建立专门的试验厂——纯供试验用的试验厂或生产性的试验厂。

（3）工业试验。指在工业生产规模和条件下进行的试验。若试验的主要任务是考察设备，则试验设备的尺寸一般应与生产原型相同，即比例尺为1：1。若试验任务主要是考察流程方案或药剂等工艺因素，而且已有足够的实践经验证明设备尺寸对工艺指标影响很小，则为了节省试验工作量，也可用较小号的工业型设备代替生产原型。若待建选矿厂包括多个平行系列，试验只需在一个系列中进行。

3.5.2 试验计划的拟订

拟订试验研究计划的目的是使整个试验工作有一个正确的指导思想、明确的研究方向、恰当的研究方法、合理的组织安排和试验进度，以便能用较少的人力和物力，得出较好的结果。计划应有灵活性，试验中常会出现难以预料的情况，下一步工作往往取决于上一步试验结果，计划必须考虑各种可能性，以便在试验过程中容易修改或补充。试验计划一般包括下列内容：

（1）试验的题目、任务和要求；

（2）试验方案的选择、技术关键、可能遇到的问题和预期结果；

（3）试验内容、步骤和方法，工作量和进程表；

（4）试验人员组织和所需的物质条件，包括仪器设备、材料和经费等；

（5）需要其他专业人员配合进行的项目、工作量和进程表，如岩矿鉴定计划和化学分析计划等。

试验计划的核心是试验方案。试验方案确定以后，才能估计出试验工作量和所需的人力、物力。因此，对试验方案须作详细论证。

此外，还可以试验计划为基础，按试验进程分阶段编制试验作业计划，以使其内容更为具体，如包括试验所用的设备、条件和分析项目等。

试验计划的制订，要在调查研究的基础上进行。调查研究的内容包括以下几个方面：

（1）了解委托方对试验的广度和深度的具体要求，明确试验任务；

（2）了解该矿床的地质特征和矿石性质，以及过去所做研究工作的情况；

（3）了解矿区的自然环境和经济情况，特别是水、电、燃料和药剂等的供应情况，以及对环境保护的具体要求；

（4）深入有关矿山选厂和科研设计单位，考察类似矿石的生产和科研现状；

（5）查阅文献资料，广泛了解国内外有关科技动态，以便能在所研究的课题中尽可能采用先进技术。

科学技术的迅速发展和文献情报资料数量的增多，使得即使是有经验的科技工作者也很难及时掌握甚至是属于本身工作领域内的科学技术发展的全部现状和动态。试验前的文献工作和实践调查将是整个研究工作中必不可少和非常重要的一环。文献检索可以利用各种检索工具，如各种索引和文摘。现代信息技术的飞速发展，为检索文献提供了更大的方便，通过电子文献、数据库、多媒体资源、Internet 等进行电子资源检索，将大大提高检索的效率。

3.5.3　根据矿石性质拟定选矿试验方案的原则及程序

选矿试验方案，是指选矿试验中准备采用的选矿方法、选矿流程和选矿设备等。正确地拟定选矿试验方案，首先必须对矿石性质进行充分的了解，同时还必须综合考虑政治、经济、技术诸方面的因素。

矿石性质研究工作大多由各种专业人员承担，并不要求选矿人员自己去做。因而，在这里只准备着重讨论三个问题，即

（1）初步了解选矿试验研究所涉及的矿石性质研究的内容、方法和程序；

（2）如何根据试验的目的和任务提出对于矿石性质研究工作的要求；

（3）通过一些常见的矿产试验方案实例，说明如何分析矿石性质的研究结果，并据此选择选矿方案。

3.5.3.1　浮选试验的内容和程序

浮选是选别细粒嵌布的矿石，特别是选别有色金属、稀有金属、非金属矿和可溶性盐类等的一种主要的方法。在大多数选矿试验研究中，浮选试验是一项必不可少的工作。

3.5.3.2 浮选试验的内容

浮选试验的主要内容包括：确定选别方法和流程；通过试验分析影响过程的因素，查明各因素在过程中的主次位置和相互影响的程度，确定最佳工艺条件；提出最终选别指标和必要的其他技术指标。而浮选试验的关键是用各种药剂调整矿物可浮性的差异，以达到各种组成矿物选择性分离的目的。

3.5.3.3 浮选试验的程序

浮选试验通常按照以下程序进行：

(1) 拟定原则方案。根据所研究矿石的性质，结合已有的生产经验和专业知识，拟定原则方案。例如，多金属硫化矿的浮选，可能的原则方案有全混合浮选、部分混合浮选、优先浮选等；对于黄铁矿的浮选，可能的原则方案有正浮选、反浮选、絮凝浮选等。

如果原则方案不能预先确定，只能对每一可能的方案进行系统试验，找出各自的最佳工艺条件和指标，最后通过技术经济比较予以确定。

(2) 做好试验前的准备工作。主要是试样制备、设备和仪表的检修，以及了解药剂和水的组成与性质等。

(3) 预先试验。目的是探索所选矿石可能的研究方案、原则流程、选别条件的大致范围和可能达到的指标。

(4) 条件试验。根据预先试验确定的方案和大致的选别条件，编制详细的试验计划，通过系统试验来确定各项最佳浮选条件。

(5) 闭路试验。目的是确定中矿的影响，核定所选的浮选条件和流程，并确定最终指标。它是在不连续的设备上模仿连续的生产过程的分批试验，即将前一试验的中矿加到下一试验相应地点而进行的一组实验室试验。

实验室小型试验结束后，一般还需进一步做实验室浮选连续试验，有时还需要做半工业试验甚至工业试验。目的是在接近生产或实际生产条件下，核定实验室试验各项选别条件和指标。

3.5.4 浮选试验的准备和操作技术

3.5.4.1 浮选试验前的准备工作

A 试样的准备

考虑到试样的代表性和小型磨矿机的效率，浮选试样的粒度一般小于3mm。

在试验前应准备好一定数量的单份试样，每份试样质量为0.5~1.0kg，个别品位低的稀有金属矿石可多至3kg。

若矿石中含有硫化矿，特别是含有大量磁黄铁矿时，氧化作用对矿石浮选试验结果可能具有显著的影响。这时应将大量试样在-25mm粒度（如果试样不多，可在-6mm粒度）下保存，然后根据试验所需用量分批制备。试样应贮存在干燥、阴凉、通风的地方。

在试样制备过程中，都要防止试样污染。少量机油的混入，将影响浮选正常进行，因此切忌机油和其他物料的污染。污染可能来自试样的采取和运输过程，或来自试样加工和缩分设备中所漏的机油，或来自前一试验残留在设备中的物料和药剂，等等。

B 试验用水的准备

一般实验室采用所在地区的自来水进行试验，待确定了主要工艺条件以后，再用将来选矿厂可能使用的水进行校核。

对于试验中的补给水，如果发现其 pH 值对浮选过程的影响较大，最好是配制与开始时 pH 值相同的补给水。如果发现矿浆中某些离子的影响较大时，则用矿浆滤液作补给水。

用脂肪酸作捕收剂时，为了消除钙、镁等离子对浮选的不良影响，有时还需要事先将硬水进行软化。

C 浮选药剂的准备

试验前，准备的药剂数量和种类要满足整个试验用。药剂应保存在干燥、阴凉的地方。对于黄药、硫化钠等易分解、氧化的药剂，宜密封贮存于干燥器中。药剂使用前，必须了解所用药剂的性质和来源，检查是否变质。

D 试验设备的准备

a 磨矿机的准备

实验室应备有几种不同尺寸的磨矿机，如 ϕ160mm × 180mm、ϕ200mm × 200mm 的筒形球磨机，ϕ240mm × 90mm 的锥形球磨机，它们均可用于给矿粒度小于 3mm 的试样。还有 ϕ160mm × 160mm 等较小尺寸的筒形球磨机和滚筒磨矿机，它们通常用于中矿和精矿产品的再磨。

磨矿介质多半用球，球的直径可为 12 ~ 32mm。对于 ϕ160mm × 180mm 磨矿机选用 25mm、20mm、15mm 三种球径，对于 XMQ-67 型 ϕ240mm × 90mm 锥形球磨机可配入部分直径（28 ~ 32mm）更大的球。直径 12. 5mm 的球仅可用于再磨作业。用棒作介质时，棒的直径一般为 10 ~ 25mm。如 XMB-68 型 ϕ160mm × 200mm 棒磨机常配用直径为 17. 5mm 和 20mm 两种棒。各种尺寸球的比例没有规定，但在一般情况下，可考虑各种尺寸球的个数相等。磨矿介质的体积一般是磨矿机容积的 45% ~ 50% 。

如果试验要求避免铁质污染，可采用陶瓷球磨机，并用陶瓷球作介质；但陶瓷磨矿机的磨矿效率较低，因而所需磨矿时间较长。

磨矿矿浆质量分数随矿石性质、产品粒度、装球大小和比例以及操作习惯而异。常用的有 50% 、67% 、75% 三种，此时液固比分别为 1 ∶ 1、1 ∶ 2、1 ∶ 3，因而加水量的计算比较简单。如果采用其他质量分数，则可按式（3-15）计算磨

矿水量:

$$L = \frac{100 - C}{C} \cdot Q \tag{3-15}$$

式中 L——磨矿时所需添加的水量, L;

C——要求的磨矿浓度, %;

Q——矿石质量, kg。

在一般情况下, 原矿较粗、较硬时, 应采用较高的磨矿浓度。原矿含泥多、或矿石密度很小、或产品粒度极细时, 可采用较低磨矿浓度。在实际操作中, 若发现产品粒度不匀, 可考虑提高磨矿浓度, 但磨矿浓度高时大球不能太少。反之, 若产品太黏, 黏附在机壁和球上不易洗下来, 就要降低磨矿浓度。

长久不用的磨矿机和介质, 试验前要用石英砂或所研究的试样预先磨去铁锈。平时在使用前可先空磨一段时间, 洗净铁锈后再开始试验。试验完毕必须注满石灰水或清水。

此外, 对于不带接球筛的磨矿机, 还必须准备好接球筛, 以便清洗钢球。

b 浮选机的准备

实验室用浮选机大多是小尺寸的机械搅拌式浮选机, 国产浮选机有单槽式、多槽式浮选机, 挂槽浮选机和精密浮选机。

实验室应备有不同尺寸的浮选机。单槽浮选机的充气搅拌装置是模拟现有生产设备制成的, 它由水轮、盖板、十字格板、竖轴、充气管等部件组成, 并设有专门的进气阀门调节和控制充气量, 带有自动刮泡装置。其规格有 0.5L、0.75L、1.0L、1.5L、3.0L 5 种, 除了 3.0L 的槽体是固定的金属槽外, 其余的都是用悬挂的有机玻璃槽。

挂槽浮选机的搅拌装置为装在实心轴上的简单搅拌叶片, 空气完全靠矿浆搅拌时形成的旋涡吸入, 吸入的空气量随搅拌叶片与槽底距离而变, 试验前要特别注意调整其距离。位置调好后, 整个试验就应固定在此位置上。挂槽浮选机的槽体是悬挂的有机玻璃槽, 最小规格为 5g, 最大规格为 1000g。槽体较大的挂槽浮选机的充气量经常不足。给矿量大于 500g 时, 特别是对于硫化矿的浮选, 多用单槽浮选机。

为了提高试验结果的重复性, 减少试验误差, 便于操作, 国内外设计并制造了一些自动化程度较高的实验室浮选机。如国产 XFDC 型和 RC 型立式、台式实验室精密浮选机, 具有无级调速功能、液位调整装置、充气量调整装置、酸度和转速数字显示装置等, 国外已设计出能稳定硫化矿浮选时氧化还原电位、矿浆 pH 值和带自动加药装置等的浮选机。

E 其他

除上述各项准备工作以外, 对浮选所用的仪表和工具, 例如秒表、pH 计、量筒、移液管、给药注射器及针头、洗瓶、药瓶、大小不等的盛装器皿等, 都需事先准备好，并清洗干净。若矿浆需进行特别处理，所需用具也应预先准备好。

某些有色金属氧化矿、稀有金属硅酸盐矿石、铁矿石、磷矿石、钾盐，以及其他可能受到矿泥影响的矿石，有时在浮选前需进行擦洗、脱泥。

擦洗的方法包括：(1) 在高矿浆浓度（质量分数）（例如70%）下，加入浮选机中搅拌；(2) 采用大约10r/min的低速实验室球磨机擦洗，其中装入金属凿屑或其他只擦洗而不研磨矿石的介质；(3) 采用回转式擦洗磨机或其他擦洗设备。擦洗之后，要除去矿泥。

脱泥的方法包括：(1) 淘析法脱泥。即在磨矿或擦洗中加入矿泥分散剂，如水玻璃、六偏磷酸钠、碳酸钠、氢氧化钠等，然后将矿浆倾入玻璃缸中，稀释至液固比5∶1以上，搅拌静置后用虹吸法脱除悬浮的矿泥；(2) 浮选法脱泥。即在浮选有用矿物之前，预先加入少量起泡剂，使大部分矿泥随泡沫刮出；(3) 选择性絮凝脱泥。即加分散剂后，再加入具有选择性絮凝作用的絮凝剂（如F-703、腐植酸钠、木薯淀粉、聚丙烯酰胺等）使有用矿物絮凝沉淀，而需脱除的矿泥仍呈悬浮体分散在矿浆中，然后用虹吸法将矿泥脱除。脱泥过程中上述分散剂或絮凝剂的选用，以不影响浮选效果为前提，必要时可用清洗沉砂的办法，脱除影响浮选效果的残余分散剂或絮凝剂。

3.5.4.2 浮选试验操作技术

浮选试验一般由磨矿、调浆、浮选（刮泡）和产品处理等操作组成。

A *磨矿*

磨矿细度是浮选试验中的首要因素。进行磨矿细度试验，必须用浮选试验来确定最适宜的细度。

试验时，先将洗净的球装入干净的球磨机中，然后加水加药，最后加矿石。也可留一部分水在最后添加，但不能先加矿石后加水，这样会使矿石黏附到端部而不易磨细。磨矿时要注意磨机的转速是否正常，并准确控制磨矿时间。磨好后把磨矿机倾斜，用洗瓶或连接在水龙头上的胶皮管以细小的急水流冲洗磨矿机的内壁，将矿砂洗入接矿容器中。对不带挡球格筛的磨矿机，要在接矿容器上放一接球筛，隔除钢球，待磨矿机内壁洗净后，提起接球筛，边摇动边用细股急水流冲洗球，直至洗净为止，最后将球倒回磨矿机，供下次使用。对于本身带挡球格筛的球磨机，排矿时，将锥形筒体向排矿端倾斜，打开排矿口，将矿浆放入接矿容器中。取下给矿口塞，引入清水，间断开车搅拌冲洗干净即可。

在清洗磨矿机时必须严格控制水量。若水量过多，浮选机容纳不下时，需待澄清后用注射器抽出或用虹吸法吸出多余的矿浆水，待浮选时作补加水用。

实验室采用分批开路磨矿，与闭路磨矿相比，两者磨矿产物的粒度特性不一致。在与分级机成闭路的磨矿回路中，密度较高的矿物比其他矿物磨得更细一些。如何减少上述差别，有待进一步的改进。

为了避免过粉碎，实验室开路磨矿磨易碎矿石时，可采用仿闭路磨矿。其方法是原矿磨到一定时间后，筛出指定粒级的产品，筛上产品再磨，再磨时的水量应按筛上产品质量和磨原矿时的磨矿浓度添加。仿闭路磨矿的总时间等于开路磨矿磨至指定粒级所需的时间。例如对某多金属有色金属矿石，采用开路磨矿和仿闭路磨矿的条件和流程进行了对比磨矿试验。采用开路磨矿，磨矿产品中 -20μm 质量分数占47.2%，而采用仿闭路磨矿，-20μm 质量分数仅占31.6%，泥化程度显著降低。

B 搅拌调浆和药剂的添加

调浆搅拌在把药剂加入浮选机之后和给入空气之前进行，目的是使药剂均匀分散，并与矿物作用达到平衡，作用时间可以从几秒至半小时或更长。这时浮选机应尽量避免充气，若使用具有充气阀的单槽浮选机，则应将气阀关闭；若使用挂槽浮选机，则应将挡板提起；若使用倒向开关启动浮选机，亦可使搅拌叶轮反转。有时需不加药剂预先充气调浆，以扩大矿物可浮性差异，如某些硫化矿的分离。

一般调浆的加药顺序是：pH 值调整剂、抑制剂或活化剂、捕收剂、起泡剂。

水溶性药剂配成水溶液添加，量具可用移液管、量筒、量杯等。为便于换算和添加，当每份原矿试样质量为500g 时，对用量较小的药剂，可配成0.5%的质量分数，用量较大的药剂可配成5%的浓度（质量分数）。当原矿量为1kg 时，根据药剂用量大小可分别配成1%和10%两种浓度（质量分数）。所谓10%的浓度（质量分数），实际配药时，是将10g 药剂加水溶解成总量为100mL 的溶液，即实际单位为“10g/100mL”，但习惯上仍称为10%。溶液浓度（质量分数）很稀时，二者实际差别不大。添加的药剂量可按式（3-16）进行计算：

$$V = \frac{qQ}{100C} \tag{3-16}$$

式中 V——需添加的药剂溶液体积，mL；

q——单位药剂用量，g/t；

Q——试验的矿石质量，kg；

C——所配药剂浓度（质量分数），%。

非水溶性药剂，如油酸、松醇油、黑药等，采用注射器直接滴加，但需预先测定每滴药剂的实际质量，可用滴出10 滴或更多滴数的药剂在分析天平上称量的方法测定。必要时亦可用有机溶剂如乙醇溶解，但必须确定溶剂对浮选的影响。另一个办法是在药剂中混入适宜的表面活性化合物，进行剧烈搅拌，使之在水中乳化，例如油酸中加入少量油酸钠。

难溶于水的药剂，可以在磨矿机中加入，如石灰就以固体形式添加在磨矿机中。

由于分解、氧化等原因变质较快的药剂，配制好的溶液不能搁置时间太长，如黄药、硫化钠之类的药剂，必须当天配当天用。

C 刮泡

根据浮选液面泡沫大小、颜色、虚实（矿化程度）、韧脆等，通过调整起泡剂用量、充气量、矿浆液面高低，严格操作，可控制泡沫的质量和刮出量。泡沫体积通常通过分批添加起泡剂控制；充气量通过控制进气阀门开启大小（挂槽浮选机是通过调节叶轮与槽底的距离）和浮选机转速进行调节。试验中阀门开启大小（或叶轮与槽底距离）和转速一经确定，就应固定不变，以免引入新的变量，影响试验的可比性。控制矿浆液面高低的实质是保持最适宜的泡沫层厚度，实验室浮选机泡沫层厚度一般控制在 20 ~ 50mm。由于泡沫的不断刮出，矿浆液面下降，为保证泡沫的连续刮出，应不断补加水。如矿浆 pH 值对浮选影响不大，可补加自来水；反之，应事先配制 pH 值与矿浆 pH 值相等的补加水。人工刮泡时，要严格控制刮泡速度和深度，如果操作不稳定，试验结果就很难重复。黏附在浮选槽壁上的泡沫，必须经常用细水冲洗入槽。开始和结束刮泡之时，必须测定和记录矿浆的 pH 值和温度。浮选结束后，放出尾矿，将浮选机清洗干净。

D 产品处理

对试验的产品应进行脱水、烘干、称质量、取样做化学分析。浮选试验的粗粒产品可直接过滤；若产品很细或含泥多而过滤困难时，可直接放在加热板上或烘干箱中蒸发，也可以添加凝聚剂（如少量酸或碱、明矾等）加速沉淀，抽出澄清液后烘干产品。在烘干过程中，温度应控制在 110℃ 以下，温度过高，试样会因氧化而导致结果报废。

3.5.5 条件试验

在预先试验的基础上，系统地考查各因素对浮选指标影响的试验，称为浮选条件试验。其目的是根据试验结果分析各因素对浮选的影响，确定各因素的最佳条件。

条件试验项目包括：磨矿细度、药剂制度（矿浆 pH 值、抑制剂用量、活化剂用量、捕收剂用量、起泡剂用量）、浮选时间、矿浆浓度、矿浆温度、精选中矿处理、综合验证试验等。试验顺序也大体如此。重点是磨矿细度和药剂制度的试验，其他项目应根据矿石性质及对试验目的的不同而定，不一定需要对所有项目都进行试验。

3.5.5.1 *磨矿细度试验*

浮选前磨矿的目的是使矿石中的矿物得到解离，并将矿石磨到适于浮选的粒度。根据矿物嵌布粒度特性的鉴定结果，可以初步估计出磨矿的细度，但最终必须通过试验加以确定。

矿石中矿物的解离是任何矿物进行选别分离的前提，因此条件试验一般都从磨矿细度试验开始。但对复杂多金属矿石以及难选矿石，由于药剂制度对浮选指标的影响较大，故往往在找出最适宜的药剂制度之前，很难一次查明磨矿细度的影响，这时需要在其他条件之后，再一次校核磨矿细度；或者是在一开始时不做磨矿细度试验，而是根据矿物嵌布粒度特性选取一个比矿物基本单体解离稍细的粒度进行磨矿，先做其他条件试验，待主要条件确定后，再做磨矿细度试验。

磨矿细度试验的常规做法是，取三份以上的试样，保持其他条件相同，在不同时间（例如，10min、12min、15min、20min、30min）下磨矿，然后分别进行浮选，比较其结果；同时平行地取几份试样，也在上述不同时间下磨矿，并对磨矿产物进行筛析，找出磨矿时间和磨矿细度的关系。有时仅对结果较好的一二个试样进行筛析。

浮选时泡沫分两批刮取。粗选时得精矿，捕收剂、起泡剂的用量和浮选时间在全部试验中都要相同；扫选时得中矿，捕收剂用量和浮选时间可以不同，目的是使被浮矿物完全上浮，以得到尽可能贫的尾矿。如果从外观上难以判断浮选的终点，则中矿的浮选时间和用药量在各试验中亦应保持相同。

为确定磨矿时间和磨矿细度关系所需的筛析试样，在磨矿产物烘干后缩取，质量一般为100g左右。筛析用联合法进行，即先在200目（74μm）的筛子上湿筛，筛上产物烘干，再在200目筛子上或套筛上干筛，小于200目的物料合并计质量，以此算出该磨矿产物中 -200 目粒级的含量（质量分数）。然后以磨矿时间为横坐标、磨矿细度（ -200 目粒级的含量）为纵坐标，绘制两者间的关系曲线。

浮选产物分别烘干、称质量、取样、送化学分析，然后将试验结果填入记录表内，并绘制曲线图。表的格式随着试验的性质和矿石的组成不同而不同，总的要求是条理清楚，便于分析。某铜矿不同磨矿细度浮选试验结果记录表见表3-7。

表3-7 不同磨矿细度浮选试验结果记录表

试验编号	产物名称	质量/g	产率 γ/%	铜品位 β/%	产率×品位 $\gamma\times\beta$/‱	铜回收率 ε/%	磨矿细度	矿浆 pH 值
1	精矿	131	13.1	9.06	118.69	56.9	-200 目占 60%	9.0
	中矿	63	6.3	9.03	56.89	27.3		
	尾矿	806	80.6	0.41	33.05	15.8		
	原矿	1000	100.0	2.09	208.63	100.0		
2	精矿	133	13.3	12.10	160.93	81.1	-200 目占 75%	8.5
	中矿	134	13.4	1.00	13.4	6.7		
	尾矿	733	73.3	0.33	30.76	12.2		
	原矿	1000	100.0	1.99	198.52	100.0		

表 3-7 浮选试验的共同条件为：矿石，1kg；水，600mL；石灰，2kg/t。

粗选条件为：丁黄药，30g/t；松醇油，25g/t；精矿刮泡 10min。

扫选条件为：丁黄药，10g/t；松醇油，5g/t；中矿刮泡 15min。

曲线图通常以磨矿细度（-200 目粒级的含量（质量分数））或磨矿时间为横坐标，浮选指标（品位 β 和回收率 ε）为纵坐标绘制，如图 3-17 所示。

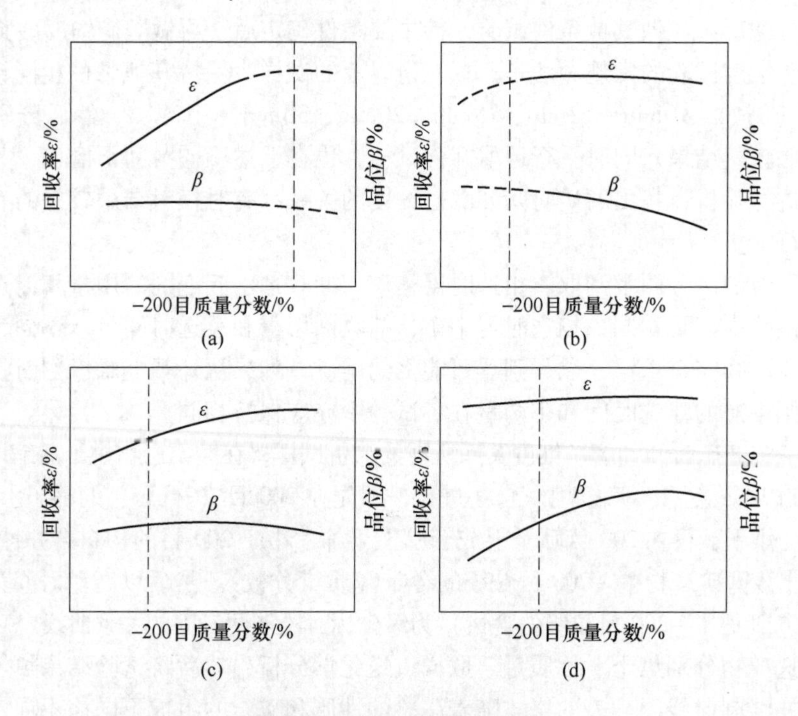

图 3-17　磨矿细度试验结果

根据图 3-17 中曲线的变化规律，可以判断哪个磨矿细度最适宜，还应做哪些补充试验。如果随着磨矿细度的增加，累计回收率 ε 曲线一直上升，没有转折点，并且累计品位 β 曲线不下降或下降不显著，就应在更细的磨矿条件下进行补充试验（补充试验结果用虚线表示，下同），如图 3-17(a)所示。累计品位 β 和累计回收率 ε 的计算按下式进行：

$$\beta = \frac{\gamma_{精}\beta_{精} + \gamma_{中}\beta_{中}}{\gamma_{精} + \gamma_{中}} \tag{3-17}$$

$$\varepsilon = \varepsilon_{精} + \varepsilon_{中} \tag{3-18}$$

式中　β——产品的品位，%；

γ——产品的产率，%；

ε——产品的回收率，%。

如果回收率曲线不升高，或升高不显著，就应当在较粗的磨矿细度条件下进行补充试验，如图3-17(b)所示。

同时，也应注意第一份产物精矿中金属的品位。如果粗磨时第一份产物的金属品位不降低，相差的只是回收率，这说明可以采用阶段浮选，如图3-17(c)所示。如果相反，根据累计曲线看出，粗磨时回收率与细磨时同样高，而泡沫产物品位下降很显著时，如图3-17(d)所示，这意味着连生体的浮游性很强，有可能采用在粗磨条件下选出废弃尾矿和下一步再磨贫精矿或中矿的流程。

3.5.5.2 矿浆pH值调整剂试验

矿浆pH值调整剂是用来为药剂和矿石的相互作用创造良好条件，并兼顾消除其他影响（如团聚、絮凝等）的。调整剂试验的目的是寻求最适宜的调整剂种类及其用量，使欲浮矿物具有良好的选择性和可浮性。

目前对于多数矿石，可以通过生产实践经验确定其调整剂种类和矿浆pH值。但矿浆pH值与矿石物质组成及浮选用水的性质有关，故需通过试验确定。试验时，在最佳磨矿细度下，固定其他浮选条件不变，只进行调整剂的种类和用量试验。将试验结果绘制成曲线图，以品位、回收率为纵坐标、调整剂用量为横坐标，根据曲线进行综合分析，找出调整剂的最佳用量。

在有把握根据生产经验确定调整剂种类和矿浆pH值的情况下，测定矿浆pH值和确定调整剂用量的方法如下：将调整剂分批加入浮选机的矿浆中，待搅拌一定时间后，用pH计、比色法等测pH值，若pH值尚未达到浮选该种矿物所要求的值时，可再加下一份调整剂，依此类推，直至达到所需的pH值为止，最后累计其用量。

其他药剂种类和用量的变化，有时会改变矿浆的pH值，此时可待各条件试验结束后，再按上述方法作检查试验校核，或对与pH值调整剂有交互影响的有关药剂进行多因素组合试验。

3.5.5.3 抑制剂试验

抑制剂在多金属矿石、非硫化矿石及一些难选矿石的分离浮选中起着决定性作用。试验的方法也可按前面所述的方法，固定其他条件，仅改变抑制剂的种类和用量，分别进行浮选，找出其最有效的种类和最适宜的用量。

进行抑制剂试验，必须认识到抑制剂与捕收剂、pH值调整剂等因素有时存在交互作用。例如，捕收剂用量少，抑制剂就可能用得少；捕收剂用量多，抑制剂用量也多，而这两种组合得到的试验指标可能是相同的。又如硫酸锌、水玻璃、氰化物、硫化钠等抑制剂的加入，会改变已经确定的矿浆pH值和pH值调整剂的用量。另外在许多情况下混合使用抑制剂时，抑制剂品种之间亦存在交互影响，在存在交互影响时，采用多因素组合试验较合理。

3.5.5.4 捕收剂试验

捕收剂的种类，在大多数情况下，是根据长期的生产和研究实践预先选定的，或者在预先试验中便可确定，不一定单独作为一个试验项目。因而捕收剂试验通常是对已选定的捕收剂进行用量试验，其试验方法有两种。

（1）固定其他条件，只改变捕收剂用量，例如在捕收剂用量分别为20g/t、40g/t、60g/t、80g/t时分别进行试验，然后对所得结果进行对比分析。

（2）在一个单元试验中，分次添加捕收剂和分批刮泡，确定需要的捕收剂用量。即先加少量的捕收剂，刮取第一份泡沫；待泡沫矿化程度变弱后，再加入第二份捕收剂，并刮出第二份泡沫。第二份捕收剂的用量可根据具体情况确定，通常等于或少于第一份用量。以后再根据矿化情况分别添加第三份、第四份……药剂，分别刮取第三次、第四次……泡沫，直至浮选终点。各产物应分别进行化学分析，然后计算出累积回收率和累计品位，考查为达到所要求的回收率和品位，捕收剂用量应该是多少。此法较为简便，多用于预先试验。

生产实践证明，在某些情况下，使用混合捕收剂比单用一种捕收剂好。对捕收剂混合使用的试验方法，可以将不同捕收剂分成数个比例不同的组，再对每个组进行试验。例如两种捕收剂 A 和 B，可分为1∶1、1∶2、1∶4 等几个组，每组用量可分为40g/t、60g/t、80g/t、100g/t、120g/t；或者将捕收剂 A 的用量固定为几个数值，再对每个数值改变捕收剂 B 的用量进行一系列试验，以求出最适宜的条件。

起泡剂一般不进行专门的试验，其用量多在预先试验或其他条件试验中顺便确定。

3.5.5.5　矿浆浓度试验

矿浆浓度对浮选影响较小，可根据实践资料确定。在浮选生产中，大多数矿浆浓度（质量分数）在25%~40%之间，特殊情况下可以高达55%和低至8%。一般处理泥化程度高的矿石时，应采用较稀的矿浆；而处理较粗粒度的矿石时，宜采用较浓的矿浆。

在小型浮选试验过程中，随着泡沫的刮出，为维持矿浆液面不降低需添加补充水，矿浆浓度随之逐步变稀。这种矿浆浓度的不断变化，相应地会使所有药剂的浓度和泡沫性质也随之变化。

3.5.5.6　矿浆温度试验

浮选一般在室温下进行，即矿浆温度介于15~25℃之间。当用脂肪酸类捕收剂浮选非硫化矿（如铁矿、萤石、白钨矿）时，常采用蒸汽或热水加热。某些复杂硫化矿（如铜钼、铜锌、铜铅、锌硫和铜镍等混合精矿）采用加温浮选工艺，有利于提高分选效果。在这些情况下，必须进行浮选矿浆温度条件试验。若矿石在浮选前要预先加热搅拌或进行矿浆的预热，则要求进行不同温度的试验。

3.5.5.7　浮选时间试验

浮选时间一般在进行各种条件试验的过程中便可测出，因此，在进行每个试验时都应记录浮选时间。浮选条件选定后，可做验证试验。在进行验证试验时可分批刮泡，刮泡时间分别为1min、2min、3min、5min、……，直至浮选终点。将试验结果绘成曲线，横坐标为浮选时间，纵坐标为回收率（累积）和金属品位（加权平均累积）。根据曲线，可确定得到某一定回收率和品位所需的浮选时间。

同时根据累积品位曲线可划分粗选和扫选时间，以品位显著下降的地方作为分界点。

在确定浮选时间时，应注意捕收剂用量增加，可大大缩短浮选时间，若此时节省的电能及设备费用可补偿这部分药剂消耗，则增加捕收剂用量是有利的。

3.5.5.8 精选试验

在根据浮选时间试验所确定的粗选时间内刮取的粗精矿，需在小容积浮选机中进行精选。精选次数大多为1～2次，特殊情况可有7至8次（如萤石或辉钼矿的精选）。在精选作业中，通常不再加捕收剂和起泡剂，但要注意控制矿浆pH值，在某些情况下需加入抑制剂、解吸剂，甚至需对精选前的矿浆进行特别处理。精选时间视具体情况确定。

为避免精选作业矿浆被过分稀释，或矿浆体积超过浮选机的容积，可事先静置沉淀泡沫产物，将多余的水抽出，留作浮选用洗涤水和补加水。

影响浮选指标的其他因素，可根据具体情况，参考上述试验方法和有关资料进行试验。

3.5.6 实验室浮选闭路试验

实验室浮选闭路试验由一系列分批试验组成，它是根据所确定的流程，在不连续的设备上模仿连续的生产过程进行试验，以检验和校核所选择的选别条件、选别流程，并初步确定最终选别指标。

闭路试验的目的是：找出中矿循环对选别过程的影响；找出由于中矿循环而必须调整的药剂用量；考查矿泥或其他有害物质（包括可溶性盐类）累积状况，及其对浮选的影响；检查和校核所拟定的浮选流程，确定可能达到的浮选指标等。

3.5.6.1 浮选闭路试验的操作技术

闭路试验是按照开路试验选定的流程和条件，接连而重复地做几次试验，但每次所得中间产品（精选尾矿、扫选精矿）都必须仿照现场连续生产给到下一试验的相应作业，直至试验产品达到平衡。简单的一粗、一精、一扫闭路流程如图3-18所示，相应的实验室闭路试验流程如图3-19所示。若流程中有几次精选作业，每次精选尾矿一般顺序返回前一作业，也可能有中矿再磨等。

一般情况下，闭路试验要接连做5至6个试验。为初步判断试验产品是否已经达到平衡，最好在试验过程中将产品（至少是精矿）过滤，称滤饼湿重或烘

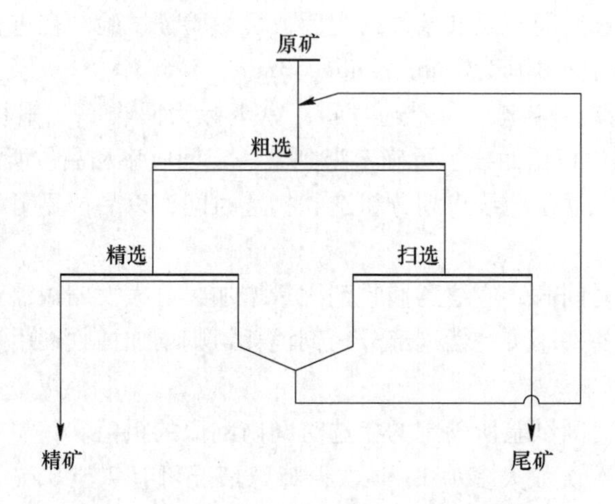

图 3-18　简单的一粗、一精、一扫闭路流程

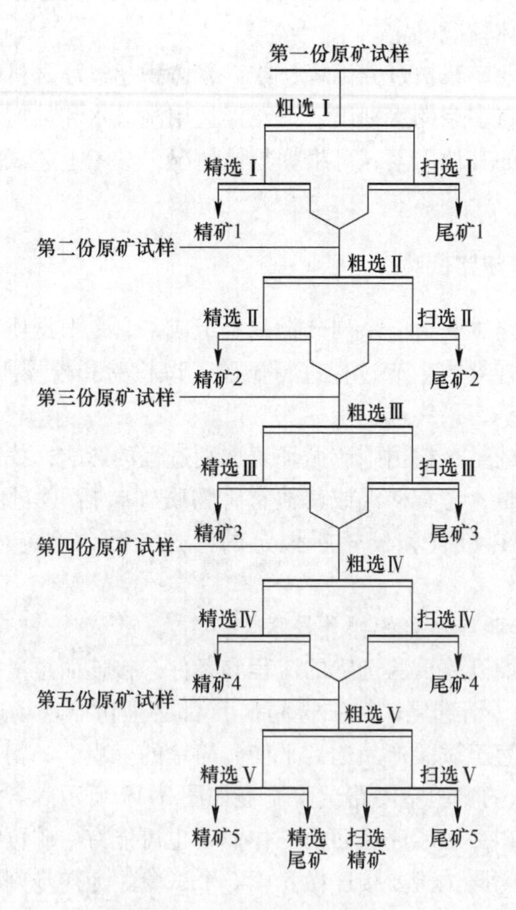

图 3-19　闭路试验流程示例

干滤饼称重，如能进行产品的快速化验则更好。试验是否达到平衡，其标志是最后几个试验的浮选产品的金属量和产率是否大致相等。

如果在试验过程中发现中间产品的产率一直增加，达不到平衡，则表明中矿在浮选过程中没有得到分选，将来生产时只能机械地分配到精矿和尾矿中，后果是会使精矿质量降低、尾矿中金属损失增加。

即使中矿量没有明显增加，如果根据各产品的化学分析结果看出，随着试验的依次往下进行，精矿品位不断下降，尾矿品位不断上升，一直稳定不下来，这也说明中矿没有得到分选，只是机械地分配到精矿和尾矿中。对以上两种情况，都要查明中矿没有得到分选的原因。如果通过产品考查查明中矿主要由连生体组成，就要对中矿进行再磨，并对再磨产品进行单独浮选试验，以判断中矿是返回原浮选循环还是单独处理。如果是其他方面的原因，也要对中矿进行单独研究后才能确定其处理方法。

闭路试验操作中主要应当注意下列问题：

(1) 随着中间产品的返回，某些药剂用量应酌情减少，这些药剂可能包括烃类非极性捕收剂、黑药和脂肪酸类等兼有起泡性能的捕收剂，以及起泡剂。

(2) 中间产品会带进大量的水，因而在试验过程中要特别注意节约冲洗水和补加水，以免发生浮选槽装不下的情况，实在不得已时，可以把脱出的水留下来作冲洗水或补加水用。

(3) 闭路试验的复杂性和产品存放造成影响的可能性，要求将整个闭路试验连续做到底，避免中间停歇使产品搁置太久，尽量将时间耽搁降低到最低限度。应预先详细地制定计划，规定操作程序，并严格遵照执行。必须预先制定出整个试验流程，标出每个产品的号码，以避免把标签或产品弄混所产生的差错。

3.5.6.2 *浮选闭路试验结果计算方法*

根据闭路试验结果计算最终浮选指标的方法有 3 种。

(1) 将所有精矿合并作总精矿，所有尾矿合并作总尾矿，中矿单独再选一次，再选精矿并入总精矿中，再选尾矿并入总尾矿中。

(2) 将达到平衡后的最后 2 至 3 个试验的精矿合并作总精矿，尾矿合并作总尾矿，然后根据总原矿 = 总精矿 + 总尾矿的原则反推总原矿的指标。中矿则认为进出相等，单独计算。这与选矿厂设计时计算闭路流程物料平衡的方法相似。

(3) 取最后 1 个试验的指标作最终指标。

建议采用第 2 个方法，现将这个方法具体说明如下：

假设接连共做了 5 个试验，从第 3 个试验起，精矿和尾矿的质量及金属量即已稳定了，因而采用第 3、4、5 个试验的结果作为计算最终指标的原始数据。

图 3-20 表示已达到平衡的第 3、4、5 个试验的流程图，表 3-8 列出了表示各

产品的质量、品位的符号。如果将 3 个试验看作一个总体，则进入这个总体的物料有：原矿 3 + 原矿 4 + 原矿 5 + 中矿 2；从这个总体出来的物料有：（精矿 3 + 精矿 4 + 精矿 5）+ 中矿 5 +（尾矿 3 + 尾矿 4 + 尾矿 5）。

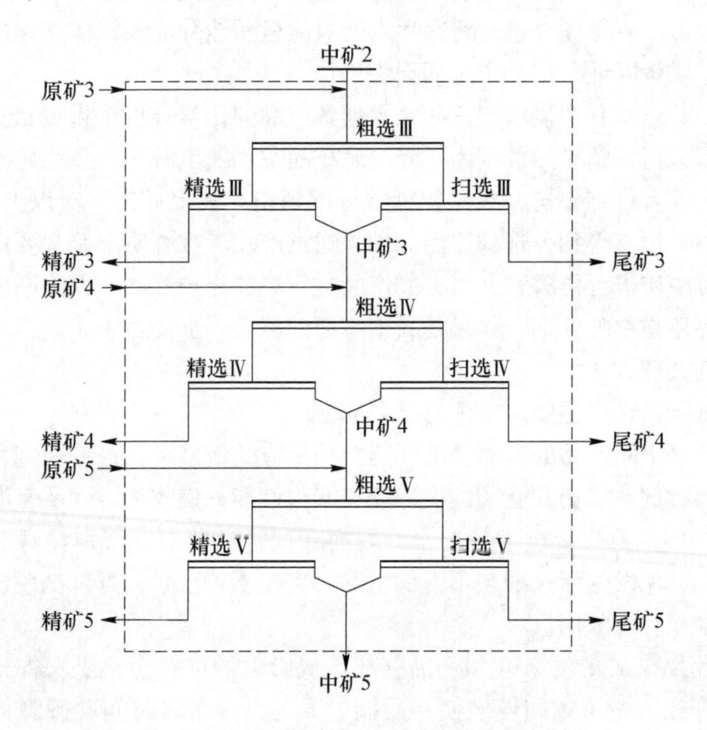

图 3-20　闭路试验结果计算流程

由于试验已达到平衡，即可认为中矿 2 = 中矿 5，则原矿 3 + 原矿 4 + 原矿 5 =（精矿 3 + 精矿 4 + 精矿 5）+（尾矿 3 + 尾矿 4 + 尾矿 5）。

表 3-8　闭路试验结果

试验序号	精矿		尾矿		中矿	
	质量/g	品位/%	质量/g	品位/%	质量/g	品位/%
3	W_{c3}	β_3	W_{t3}	θ_3	—	—
4	W_{c4}	β_4	W_{t4}	θ_4	—	—
5	W_{c5}	β_5	W_{t5}	θ_5	W_{m5}	β_{m5}

下面分别计算产品质量、产率、金属量、品位、回收率等指标。

（1）质量和产率。每一个单元试验的平均精矿质量为

$$W_c = \frac{W_{c3} + W_{c4} + W_{c5}}{3} \tag{3-19}$$

平均尾矿质量为

$$W_t = \frac{W_{t3} + W_{t4} + W_{t5}}{3} \tag{3-20}$$

平均原矿质量为

$$W_o = W_c + W_t \tag{3-21}$$

由此分别算出精矿和尾矿的产率为

$$\gamma_c = \frac{W_c}{W_o} \times 100\% \tag{3-22}$$

$$\gamma_t = \frac{W_t}{W_o} \times 100\% \tag{3-23}$$

（2）金属量和品位。品位是相对数值，因而不能直接相加后除 3 求平均值，而只能先计算绝对金属量 P，然后再算出品位。

3 个精矿的总金属量为

$$P_c = P_{c3} + P_{c4} + P_{c5} = W_{c3} \cdot \beta_3 + W_{c4} \cdot \beta_4 + W_{c5} \cdot \beta_5$$

精矿的平均品位为

$$\beta = \frac{P_c}{3W_c} = \frac{W_{c3} \cdot \beta_3 + W_{c4} \cdot \beta_4 + W_{c5} \cdot \beta_5}{W_{c3} + W_{c4} + W_{c5}} \times 100\%$$

同理，尾矿的平均品位为

$$\vartheta = \frac{P_t}{3W_t} = \frac{W_{t3} \cdot \vartheta_3 + W_{t4} \cdot \vartheta_4 + W_{t5} \cdot \vartheta_5}{W_{t3} + W_{t4} + W_{t5}} \times 100\%$$

原矿的平均品位为

$$\alpha = \frac{(W_{c3} \cdot \beta_3 + W_{c4} \cdot \beta_4 + W_{c5} \cdot \beta_5) + (W_{t3} \cdot \vartheta_3 + W_{t4} \cdot \vartheta_4 + W_{t5} \cdot \vartheta_5)}{(W_{c3} + W_{c4} + W_{c5}) + (W_{t3} + W_{t4} + W_{t5})} \times 100\%$$

（3）回收率。精矿中金属回收率可按式（3-24）~式（3-26）中任一公式计算，其结果均相等。即

$$\varepsilon = \frac{\gamma_c \beta}{\alpha} \times 100\% \tag{3-24}$$

$$\varepsilon = \frac{W_c \beta}{W_o \alpha} \times 100\% \tag{3-25}$$

$$\begin{aligned}\varepsilon &= \frac{3\text{ 个精矿的总金属量}}{3\text{ 个原矿的总金属量}} \times 100\% \\ &= \frac{W_{c3}\beta_3 + W_{c4}\beta_4 + W_{c5}\beta_5}{(W_{c3}\beta_3 + W_{c4}\beta_4 + W_{c5}\beta_5) + (W_{t3}\vartheta_3 + W_{t4}\vartheta_4 + W_{t5}\vartheta_5)} \times 100\%\end{aligned} \tag{3-26}$$

尾矿中金属的损失可按差值（即 $100 - \varepsilon$）计算。为了检查计算的差错，也可再按金属量校核。

有了原矿的平均指标，也可算出中矿指标。计算中矿指标的原始数据为中矿 5 的产品质量 W_{m5} 和品位 β_{m5}，要计算的是产率 γ_{m5} 和回收率 ε_{m5}，即

$$\gamma_{m5} = \frac{W_{m5}}{W_o} \times 100\%$$

$$\varepsilon_{m5} = \frac{\gamma_{m5}\beta_{m5}}{\alpha} \times 100\%$$

计算中矿指标时，一定要记住中矿 5 只是 1 个试验的中矿，而不是第 3、4、5 个试验的“总中矿”。中矿 3 和中矿 4 还是存在的，只不过已在试验过程中用掉了。

3.5.6.3　试验报告的编写

试验报告是试验的总结和报道，应说明的主要问题有：

(1) 试验任务；

(2) 试验对象——试样的来源和性质；

(3) 试验的技术方案——选矿方法、流程、条件等；

(4) 试验结果——推荐的选矿方案和技术经济指标。

为了说明试验条件同生产条件的接近程度和结果的可靠性，一般还要对所使用的试验设备、药品及方法和实验技术等作扼要的说明。连续性选矿试验和半工业试验，特别是采用了新设备的，必须对所用设备的规格、性能，以及与工业设备的模拟关系作出准确说明，以便能顺利地实现向工业生产的转化。

试验的中间过程在报告的正文中只需简要阐述，以使读者了解试验工作的详细程度和可靠程度，了解确定最终方案的依据，以及在需要时可据此进行进一步的工作。详细材料可作为附件或原始资料存档。

试验报告通常可由下面几个部分组成：

(1) 封面——报告名称、试验单位、编写日期等；

(2) 前言——对试验任务、试样及所推荐的选矿方案和最终指标作简单介绍，使读者一开始即了解试验工作的基本情况；

(3) 矿床特性和采样情况的简要说明；

(4) 矿石性质；

(5) 选矿试验方法和结果；

(6) 结论——主要介绍所推荐的选矿方案和指标，并给以必要的论证和说明；

(7) 附录或附件。

必要时可附参考文献。

供选矿厂设计用的试验报告，一般要求包括下列具体内容：

(1) 矿石性质。包括矿石的物质组成，以及矿石及其组成矿物的理化性质，这是选择选矿方案的依据，不仅试验阶段需要了解，设计阶段也需要了解。因为设计人员在确定选厂建设方案时，并非完全依据试验工作的结论，在许多问题上还需参考现场生产经验独立作出判断，此时必须有矿石性质的资料作为依据，才能进行对比分析。

（2）推荐的选矿方案。包括选矿方法、流程和设备类型（不包括设备规格）等，要具体到指明选别段数、各段磨矿细度、分级范围、作业次数等。这是对选矿试验的主要要求，它直接决定着选厂的建设方案和具体组成，必须慎重考虑。若有两个以上可供选择的方案，且各项指标接近、试验人员无法作出最终决断时，应该尽可能阐述清楚自己的观点，并提出足够的对比数据，以便设计人员能据此进行对比分析。

（3）最终选矿指标及与流程计算有关的原始数据。这是试验部门能向设计部门提供的主要数据，但有关流程中间产品的指标往往要通过半工业或工业试验才能获得，实验室试验只能提供主要产品的指标。

（4）与计算设备生产能力有关的数据。如可磨度、浮选时间、沉降速度、设备单位负荷等，但除相对数字（如可磨度）以外，大多数要在半工业或工业试验中确定。

（5）与计算水、电、材料消耗等有关的数据。如矿浆浓度、补加水量、浮选药剂用量、焙烧燃料消耗等，也需要通过半工业和工业试验才能获得较可靠的数据，实验室试验数据只能供参考。

（6）选矿工艺条件。实验室试验所提供的选矿工艺条件大多数只能给工业生产提供一个范围，说明其影响规律，具体数字往往要到开工调整生产阶段才能确定，并且在生产中也还要根据矿石性质的变化不断调节。因而除了某些与选择设备、材料类型有关的资料，如磁场强度、重介质选矿加重剂类型、浮选药剂种类等必须准确提出以外，其他属于工艺操作方面的因素，在实验室试验阶段主要是查明其影响规律，以便今后在生产中进行调整时有所依据，而不必过分追求其具体数字。

（7）产品性能。包括精矿、中矿、尾矿的化学组成和粒度、密度等物理性质方面的资料，以作为考虑下一步加工（如冶炼）方法和尾矿堆存等问题的依据。

4 脱水作业

4.1 固液分离

固液分离的意义：由湿法选矿得到的精矿产品都含有大量的水分，且水分的质量常为精矿固体质量的数倍。为了便于装运、降低运输费用及满足工业上进一步加工的需要，在精矿出厂前，都必须把相当部分的水分离出来，使精矿水分含量降低到国家标准的规定。对精矿产品进行固液分离，是产品处理的一项基本任务，在选矿工艺中具有重要意义。

4.1.1 固体散粒物料中水分的性质

固体散粒物料中所含水分有4类：

（1）重力水分。存在于固体颗粒之间的空隙中，并在重力作用下可以自由流动的水分，称为重力水分。它是物料中最容易分离出去的水分。

（2）毛细水分。固体颗粒之间比较细小的孔隙会产生毛细管作用，那些受毛细管作用而保持在这些细小孔隙中的水分称为毛细水分。

（3）薄膜水分。由于水分子的偶极作用，将在固体颗粒表面形成一层水化薄膜，这部分水分就称为薄膜水分。这是较难分离的水分，即使采用强大的离心力也很难把它除去。

（4）吸湿水分。由于固体颗粒的吸附作用，会把水分子吸附在其表面，并通过渗透作用达到固体颗粒的内部。附着在颗粒表面的水分称为吸附水分；渗透到颗粒内部的水分称为吸收水分，这两种水分合称为吸湿水分。这是最难分离出去的水分，即使采用热力干燥的方法也不能将其全部除尽。

上面简单地介绍了4种性质不同的水分，它们之间相互联系而又相互区别。重力水分和毛细水分都是充填在固体颗粒之间所形成的孔隙空间的水分，当孔隙较大时，毛细管作用力不显著，水在重力作用下能够自由流动；当孔隙较小时，毛细管作用力就比较显著，受毛细管作用力束缚在细小的空隙中的毛细水分在重力作用下就不能流动，要使它流动，就必须施加外力来克服毛细管作用力。薄膜水分和吸湿水分基本上都是结合在固体颗粒表面的水分，都与固体颗粒的比表面积和表面性质有关；但薄膜水分是借助于吸附水分与固体表面间接地结合在一起，其结合力较吸湿水分的结合力弱得多。毛细水分与薄膜水分都是间接同固体颗粒相连的，区别在于前者主要是由水的表面张力而形成的，它可以受机械力作用而流动；后者是由于水分子的偶极作用而形成的，机械力一般不能使它流动。

重力水分、毛细水分和部分薄膜水分在机械力作用下可以流动，称为自由水分，这是机械脱水的对象。残余薄膜水分和吸湿水分在机械力作用下不能流动，称为结合水分，它们都是由于分子引力而间接或直接与固体颗粒相结合的水分，要除去这种结合水分，只有加快水分子的运动速度让它变成水蒸气而扩散出去，即只有采用干燥的方法除去。一般机械脱水对毛细水分及薄膜水分也不能完全除去，其残余水分也只能用干燥的方法除去。

4.1.2 固液分离方法

根据物料水分性质的特点，应采用与它的性质相适应的固液分离方法。由于物料中同时存在着几种性质不同的水分，因此一般是采用几种方法相互配合来进行固液分离。

脱水的顺序是先易后难，由表及里。对于重力水分可采用沉淀浓缩、自然泄水或自然过滤的方法，就是利用固体颗粒或水分本身的重力来脱水。对于毛细水分采用强迫过滤的方法，就是利用压力差或离心力使水分从固体颗粒中分离出来。至于薄膜水分和吸湿水分则只能采用热力干燥的方法。

4.1.3 精矿的质量

精矿是选矿厂的最终产品，它的质量是企业各项工作成果的综合反映。精矿的质量要求，主要是金属品位和水分。关于精矿中的主金属品位和综合回收的伴生金属最低品位，以及杂质含量的要求，除了国家主管部门制定颁布的标准外，也有用户向企业提出的。选矿厂必须按照计划或合同组织生产，保证产品质量符合要求。表 4-1 列出了我国目前对几种精矿含水量的规定。

表 4-1 我国对几种精矿含水量的规定

精 矿 名 称	限制水分的标准
铜、铅、锌、镍	平时≤12%，冬季≤8%
各种铁精矿	平时≤12%，冬季≤7%
炼焦用的精煤	平时≤8%，冬季≤5%
磷精矿、硫精矿（硫化铁）	平时≤12%，冬季≤8%
钒精矿	≤10%
锑精矿（硫化锑）	≤5.5%
钼精矿	≤4%

续表 4-1

精 矿 名 称	限制水分的标准
铋精矿	≤2%
钨精矿（包括合成白钨）	≤0.5%
萤石精矿	≤0.5%

4.2　浓缩原理与浓缩机

4.2.1　浓缩原理

浓缩是将较稀的矿浆浓集为较稠的矿浆的过程，同时分出几乎不含有固体物质或含少量固体物质的液体。选矿产品浓缩过程，根据矿浆中固体颗粒所受的主要作用力的性质，分为以下几种：（1）重力沉降浓缩——料浆受重力场作用而沉降；（2）离心沉降浓缩——料浆受离心力场作用而沉降；（3）磁力浓缩——由磁性物料组成的料浆，在磁场作用下聚集成团并分离出其中的部分水分。在此，主要介绍重力沉降浓缩的基本原理。

4.2.1.1　沉降末速和自由沉降

对于精矿固液分离，浓缩处理的对象是矿粒与水混合成的矿浆。在浓缩过程中，悬浮在矿浆中的矿粒开始向下沉落时，由于重力的作用，速度逐渐增大。但因矿粒沉落时还同时受到水的阻力，并且水的阻力将随下沉速度的加快而增大。直到水对矿粒向上的阻力增大到与矿粒所受向下的重力相等时，矿粒下沉的速度不再变化，于是矿粒便以这一时刻的恒定速度沉落，这一恒定速度即为沉降末速。

被浓缩的矿浆，如果浓度较小，矿粒在沉降时可以忽略相互间的干扰，这样的沉降称为自由沉降；如果浓度较大，矿粒沉降时互相干扰，相互间由于摩擦、碰撞而产生的机械阻力较大，这样的沉降称为干涉沉降。稀矿浆中的矿粒沉降速度快，浓稠矿浆中的矿粒沉降速度慢。

一般精矿的沉淀浓缩过程，特别是在实践上有较大意义的初期沉降，干涉现象并不严重，可以近似地看成是自由沉降。在自由沉降的过程中，矿粒从开始沉落到速度增加至沉降末速所经历的时间很短。

4.2.1.2　沉淀浓缩过程

在沉淀浓缩过程中，矿粒的沉降和随之而来的矿浆的澄清可以划分为几个阶段。下面通过下述的沉降实验予以说明。

将一定质量的矿粒和水，装在一个有刻度的玻璃量筒中，搅拌均匀后即混合成一定浓度的矿浆，如图 4-1 所示。

将矿浆静置，其中的悬浮矿粒即以沉降末速下落，于是在容器底部开始有矿粒堆积，此堆积区称为压缩区，如图4-1(b) 中的D区；同时上部有澄清的水层出现，称为澄清区，如图4-1(b) 中的A区。在澄清区的下面是沉降区B，它的浓度与浓缩前的矿浆浓度近似。在沉降初期，B区和D区之间并没有明显的分界面，不易区分，因此把这一段区域称为过渡区，在图中以C区表示。矿粒进入过渡区后，就从自由沉降转变为干涉沉降。随着浓缩过程的进行，A区和D区逐渐扩大，B区逐渐缩小以至最终消失。为了后面叙述方便，把B区消失的时刻称为“临界点”，如图4-1(d) 所示。随着B区的消失，C区也很快消失，最后只剩下A区和D区。随着静置时间的延长，D区的高度还会有所下降，如图4-1(e) 和(f) 所示。这是因为上面水柱的静压力作用使D区内矿粒间的水被挤压出来的缘故。静置时间再延长，直到压缩区的高度不再降低、沉淀物浓度不再增大时，整个浓缩过程即告结束。

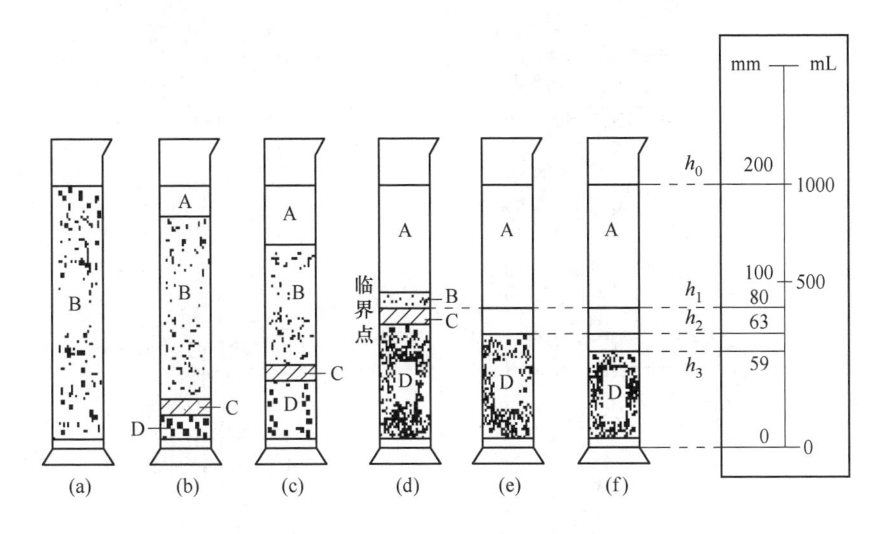

图4-1　量筒中的沉淀浓缩过程

若以沉降时间为横坐标，矿浆悬浮液面的高度为纵坐标，每隔一定时间将澄清区A与沉降区B的交界面的观察位置记录下来，便可绘成如图4-2所示的沉降曲线。

由沉降实验，可以看到随着沉降时间的推移各个区域的变化情况。在连续作业的浓缩设备中，沉淀浓缩过程也同样遵循这一规律。只是由于不断给料和不断排料，整个过程不会像在量筒中的沉降实验那样显示出明显的阶段性。

在浓缩设备中，各个分区是同时兼有的（见图4-3），固体矿粒连续不断地由一个分区进入另一个分区。如果能把给料量和排料量控制到恰好相等，那么各个分区的位置就可以相应地稳定在一定的高度上而处于动态平衡状态。

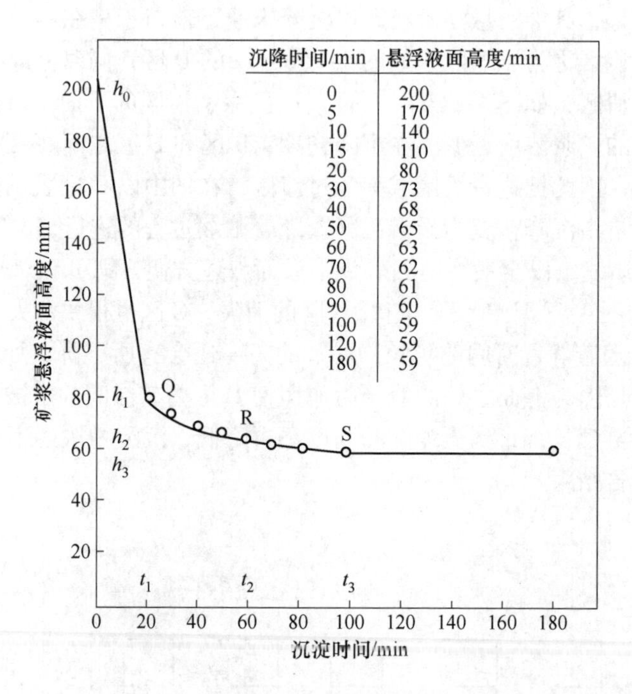

沉降时间/min	悬浮液面高度/min
0	200
5	170
10	140
15	110
20	80
30	73
40	68
50	65
60	63
70	62
80	61
90	60
100	59
120	59
180	59

图 4-2　沉降曲线

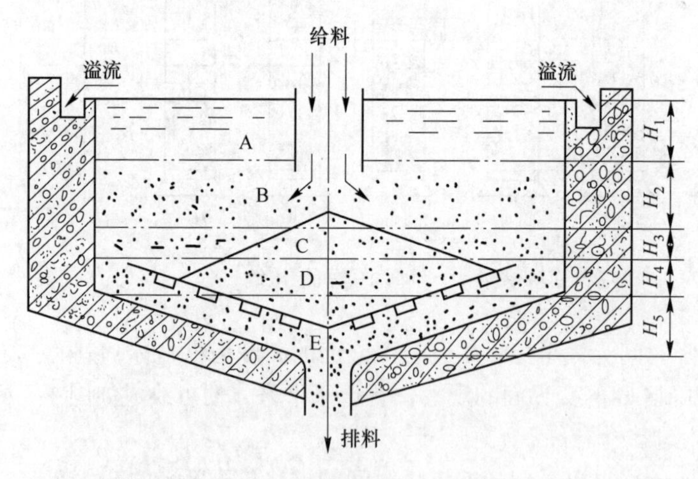

图 4-3　浓缩机中的分区现象

A—澄清区；B—沉降区；C—过渡区；D—压缩区；E—耙子挤压区

在生产实践中，要把给料量和排料量控制到恰好相等是不容易的，况且给料的粒度组成和浓度也会有所变化。由于给料量或排料量的改变会破坏动态平衡，因此各个分区的高度会发生相应变化。

4.2.2 影响浓缩的因素与加速沉降的途径

4.2.2.1 影响浓缩的因素

矿浆的浓缩效率取决于其中固体矿粒沉降的快慢，即取决于矿粒的沉降末速。

影响矿浆中矿粒沉降速度的因素，主要是矿粒的大小，其次是矿粒的密度和水的黏度。对于具体的矿浆来说，矿粒和水的密度是一定的，水的黏度则随着温度的变化而变化（温度升高1℃，黏度约减小2%）。选矿药剂的加入，对水的黏度也有影响。

4.2.2.2 加速沉降的途径

（1）使细粒团絮。影响沉降的主要因素是矿粒的大小。为了加速沉降，最有效的办法是把微细颗粒团絮“变大”。加入一定量的适宜的凝聚剂或絮凝剂，可以使矿浆中分散的微细矿粒黏附或桥接成较大的絮团，即可以提高沉降速度，加快浓缩过程。

（2）加热升温。对矿浆加热以提高温度，从而降低水的黏度，也可使沉降速度有所提高。

（3）降低浓度。在处理高浓度矿浆时，适当降低矿浆浓度，使整个浓缩过程中能有一个自由沉降阶段以提高浓缩效率。

4.2.3 浓缩设备

耙式浓缩机是目前选矿厂广泛使用的沉淀浓缩设备。按传动方式的不同，耙式浓缩机可分为中心传动式和周边传动式两种类型。中心传动式浓缩机由于结构上的原因，直径不宜过大，一般小于20m。周边传动式浓缩机的直径都在15m以上。

4.2.3.1 中心传动式浓缩机

中心传动式浓缩机主要由圆形池子、耙子机构和传动机构等部分组成，如图4-4所示。

池子的底部为缓倾斜的圆锥形，底部与水平面的倾斜角度为6°~12°。池子一般用混凝土筑成；尺寸小的，也可用钢板焊制。在池底中央开有一个圆锥形的排料口，可与排料管道连接。排料口内通常衬以铸铁或其他耐磨材料，以便磨损后更换。在池子内壁的上缘有环形溢流槽。位于池子中央的竖轴上悬挂着耙子机构。耙子机构由耙臂、耙齿（刮板）及加固用的拉条组成。两对径向布置的耙臂互相垂直呈十字形，其中一对的长度略小于池子半径，另一对的长度约等于半径的三分之二。为了能把整个池底沉积下来的浓缩物都集中由排料口排出，安装在耙臂上的耙齿与耙臂约成30°角。在蜗轮、蜗杆传动机构的内孔中，安装有竖轴，二者呈滑动配合；因为连接键的定位作用，竖轴只能在蜗轮内孔中沿轴向上

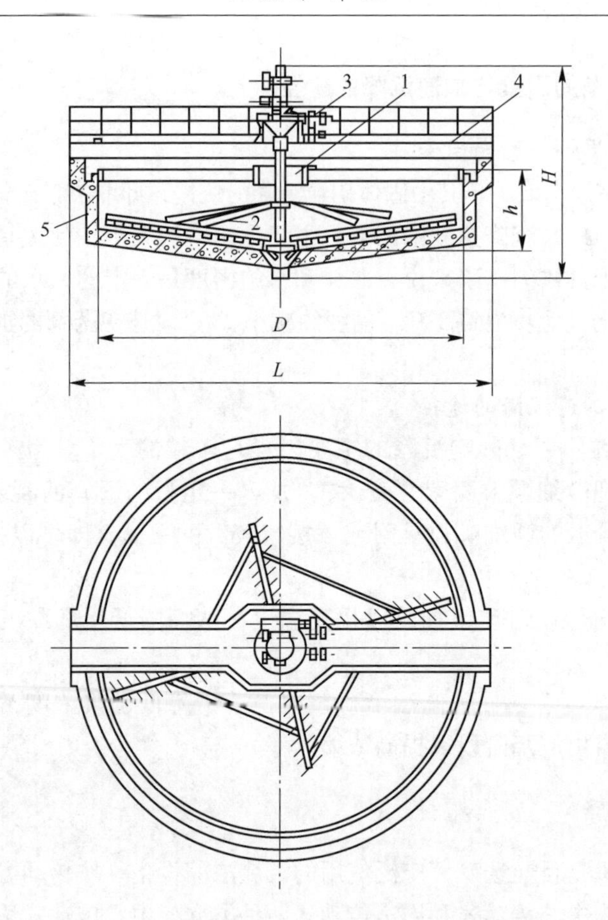

图 4-4　ϕ20m 以下中心传动式浓缩机结构图
1—给料装置；2—耙架；3—传动装置；4—支承体；5—槽体

下移动。运转时，由电动机经齿轮减速箱驱动的蜗杆传动，竖轴即同蜗轮一起旋转，固定在竖轴下端的耙子即在池中转动，浓缩沉淀物即被耙往排料口。在竖轴的上段加工有持重能力很大的梯形螺纹。由提升手轮和锁紧手轮组成的提升装置，通过镶在其内孔中的梯形螺母连接在竖轴上，并靠蜗轮支承。蜗轮又由安装在支架上的平面滚珠轴承支承。旋转提升手轮，即可将耙子随竖轴一起提高或降低，达到在运转中调节耙子高度的目的。锁紧手轮的作用是防止螺母回松而使竖轴下滑造成事故。在池子上部的中央，安装有一个圆筒形的给料筒，其高度应能使其下端浸没在澄清区以下。矿浆自管道或流槽由给料筒给入浓缩机进行浓缩，澄清后的溢流水从池子四周溢出，再由环形流槽集中排出。

中心传动式浓缩机为了保障耙子不因过载而被扭坏或烧毁电动机，常设置有过载信号装置，如图 4-5 所示的过载信号装置是最常用的一种。

这种装置的特点是：由滑动轴承支承的蜗杆能在轴瓦内串动。平时，它是靠

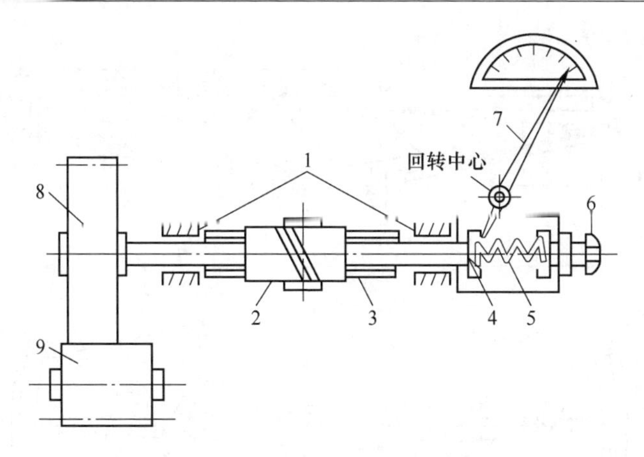

图 4-5 过载信号装置示意图

1—滑动轴承；2—蜗杆；3—蜗轮；4—垫板；5—弹簧；
6—调节螺杆；7—指针；8，9—传动齿轮

位于一端且稍被压缩的弹簧来保持其正常位置的。弹簧正常工作的预压力可由螺杆加以调节。正常运转时，蜗轮由蜗杆传动而带着耙子旋转，蜗杆受到一个轴向推力的作用。由于这个轴向推力是被压缩弹簧的弹力所平衡，因此蜗杆不会产生轴向位移。当负荷过大（即过载）时，耙子受到的阻力增加，由蜗轮反作用在蜗杆上的轴向推力也相应增大，转动着的蜗杆便被推向右方，从而推动垫板，使弹簧进一步压缩；尾端连接在垫板上的指针即随垫板的向右位移而以支点为回转中心向左转动。当指针转到一定位置时，便可接通警铃或信号电路发出警报或过载信号。岗位操作工人接到过载信号，即应旋转提升手轮将耙子随同竖轴一道提起。当过载消除后，蜗杆又在弹簧的弹力作用下被顶回左方的正常位置。

提升装置也可以是电动的。当过载时，指针摆到报警位置即可接通提升装置的电路，自动将耙子提起，直至蜗杆因过载消除恢复到原位时，提升装置的电路又自行断开。

目前我国制造的中心传动式系列产品已规划有直径 53m、75m 和 100m 3 种规格的大型浓缩机；另有直径 16m、20m、30m 和 40m 4 种规格的中型浓缩机。

4.2.3.2 周边传动式浓缩机

周边传动式浓缩机如图 4-6 所示。在环形池子（通常是用钢筋混凝土筑成）的中央有钢筋混凝土支柱。借助于平面滚珠轴承便可把挂着耙子的桁架支承在支柱上。桁架的外端由落在环池轨道上的小车滚轮支承。在桁架的平台上安装有传动机构，由电动机通过减速箱带动小车滚轮沿环池轨道行走，并带动桁架围绕支柱旋转。给料槽是沿着可供操作工人行走的天桥安设的。

为了给电动机供电，采用了集电装置，其结构简图如图 4-7 所示。在中央支柱上装有互相绝缘的滑环，而沿滑环滑动的集电接点（即电刷）则安装在桁架

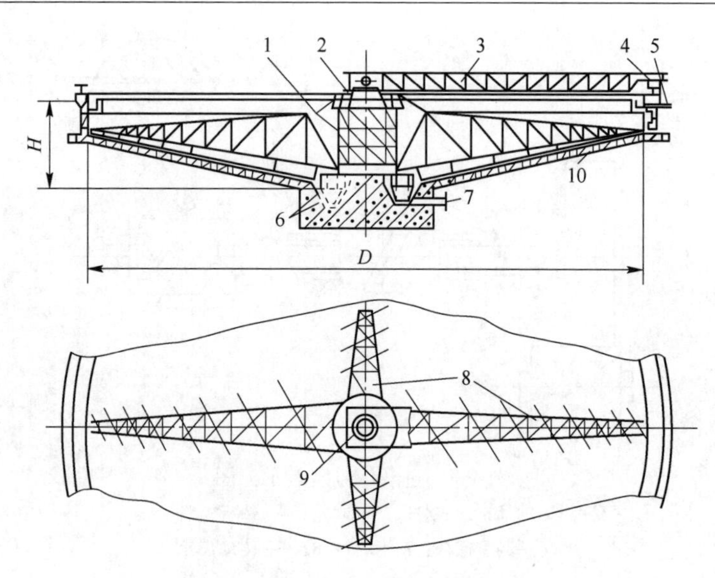

图 4-6 周边传动式浓缩机结构简图

1—中心筒；2—中心支承部；3—传动架（桁架）；4—传动机构；5—溢流口；
6—副耙；7—排料口；8—耙架；9—给料口；10—槽体

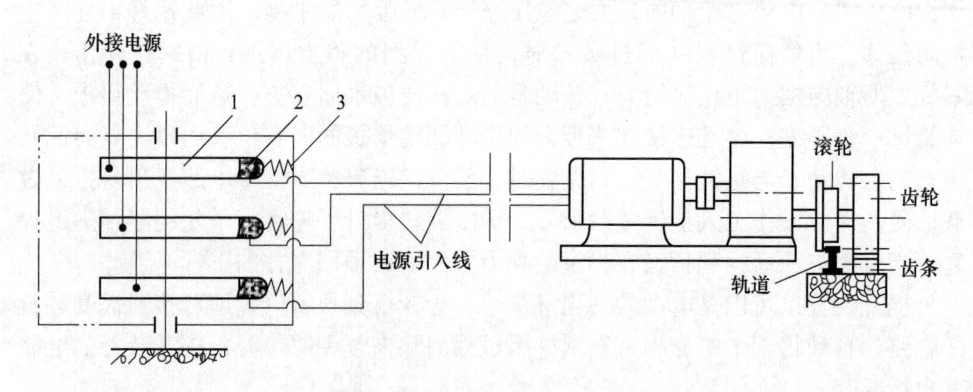

图 4-7 滑环集电接点装置示意图

1—滑环；2—电刷；3—弹簧

上，并由敷设在桁架上的电源引入线把它和电动机的接线头连接起来。弹簧的作用是为了保持电刷与滑环的紧密接触，以保证通电良好。由于采用了这样的滑环集电接点装置，通过敷设在天桥上的外接电源线，即可顺利地向在环形轨道上运行的电动机供电。

为了便于检修排料口和调节排料量，一般在浓缩机池底下面建筑一条地下通道，通至池底中央部位。

为了获得较大的驱动力，大型的周边传动式浓缩机在环池轨道的外侧还并列一圈固定的齿条，在小车滚轮的外侧也并列了一个与齿条相啮合的齿轮，以此推动小车前进。因为它不仅借助小车滚轮与轨道之间的摩擦力，而且还有齿轮驱动，所以推动力很大。但当耙子所遇的阻力超过一定限度时，小车滚轮也不会打滑，桁架将在齿轮的驱动下继续前进，这就可能导致扭坏耙架或烧毁电机的事故。因此，大型的周边传动式浓缩机必须安装可靠的安全装置。

浓缩机处理浮选精矿时，矿浆带入的大量泡沫往往浮在浓缩池表面长时间不沉降，致使溢流浑浊，增加金属流失。为了防止泡沫进入溢流，可以采用消泡措施（如用高压水喷射）和装设阻挡泡沫外溢的挡圈。挡圈与溢流槽有一定的距离，并使下缘浸入液面数厘米，而上缘应比溢流槽高一些，挡圈可用废旧运输皮带围成。

4.3 浓缩机的使用与维护

4.3.1 浓缩机的工作指标

浓缩机的工作指标包括单位沉降面积的生产率、溢流排出速度、溢流固体含量（质量分数）。

（1）单位沉降面积的生产率。为了保证浓缩机的正常工作，浓缩机的实际生产率不能超出处理相应精矿的额定生产率。否则，来不及沉降的矿粒将大量进入溢流而造成金属流失。表4-2列出了几种精矿的额定生产率。

表4-2 浓缩机的额定生产率 [t/(m^2·d)]

名　称	硫化铅锌精矿	氧化铅精矿、铅-铜精矿	黄铁矿精矿	浮选铁精矿	锰精矿
额定生产率	0.5~1.0	0.4~0.5	1.0~2.0	0.5~0.7	0.4~0.7

注：表中数值适用于粒度为-200目(-0.074mm)占80%~90%的精矿，粒度较粗的可取较大值。

（2）溢流排出速度。在浓缩机内，溢流排出速度反映了和矿粒沉降方向相反的上升水流速度，直接影响浓缩过程。

（3）溢流固体含量（质量分数）。对于具体的浓缩作业，要求浓缩机溢流绝对澄清是不可能也是不必要的，于是溢流中固体含量（质量分数）就成为浓缩机工作正常与否的又一个标志。各选矿厂可以通过实际测定拟出本厂的溢流固体含量（质量分数）的允许范围，作为判定浓缩机工作状况的指标。生产实践中，溢流固体含量（质量分数）可以通过溢流取样直接测定，单位为mg/L或g/L。

4.3.2 浓缩机的操作与维护

浓缩机的给料是选别作业送来的含水精矿，给矿量和矿浆浓度一般是确定的。因此，浓缩机的操作一般只是调节排料闸阀，以控制排矿量和浓缩产物（又称底部流）的排出浓度。操作中，要注意防止机器过负荷。所谓过负荷有两方面的含义：（1）给矿量过大，致使沉降面积不够，造成浓缩机溢流中固体含量增加，即溢流跑浑；（2）积存的沉淀物过多，致使耙子运动阻力过大，造成机器过载。

在保证溢流排出速度小于矿粒沉降速度的前提下，适当降低给矿浓度，可以提高浓缩效率，减少溢流损失。

浓缩机在检修或运转中因故停车以后，再启动时，应先进行盘车。若停车时间较长，为防止因精矿沉淀过厚而导致机器过载，应将耙子提起来（中心传动式）或放出部分积矿（周边传动式），直至盘车正常盘转时，再行启动。

对于运转中的浓缩机，应按规程要求定时检查减速箱和各轴承的润滑和温升情况，滑动轴承不应超过60℃，滚动轴承不应超过70℃；齿轮啮合情况或减速箱的声响是否正常；机械连接部分是否松动或有无异常响声。除此以外，经常观察和测定溢流固体含量和排矿浓度，可以帮助判断浓缩作业的情况。

4.3.3 浓缩机的常见故障

浓缩机运转中的常见故障及其产生原因和排除方法见表4-3。

表4-3　浓缩机常见故障及其产生原因和排除方法

序号	常见故障	产生原因	排除方法
1	轴承过热	1. 缺油或油质不良； 2. 竖轴安装不正； 3. 轴承磨损或碎裂	1. 补加油或更换新油； 2. 停车调整或重新安装； 3. 更换轴承
2	减速机发热或有噪声	1. 缺油或油质不良； 2. 齿轮啮合不当； 3. 齿轮磨损过甚	1. 补加油或更换新油； 2. 调整齿轮啮合间隙； 3. 更换齿轮
3	电动机电流过高， 耙架或传动机构有噪声	1. 负荷过载； 2. 耙臂、耙齿安装不当或松动； 3. 竖轴弯曲或摆动	1. 提耙调整负荷或增加排矿； 2. 重新安装或紧固； 3. 校正竖轴或调整紧固
4	滚轮打滑	1. 负荷过重； 2. 摩擦力不够； 3. 滚轮磨损	1. 增大排矿； 2. 拭净轨道上的油污； 3. 修复或更换滚轮
5	耙架、耙齿失效	腐蚀及磨蚀	更换耙架及耙齿

4.4 过滤原理与过滤机

4.4.1 过滤原理

4.4.1.1　过滤的基本原理

陶瓷过滤机是采用微孔陶瓷为过滤介质，利用毛细微孔的作用原理而设计制造的固液分离设备。利用微孔陶瓷板独特的通水不透气的特性，对陶瓷板内腔抽真空产生与外部的压差，使料槽内悬浮的物料在负压的作用下吸附在陶瓷板上，固体物料因不能通过微孔陶瓷板被截留在陶瓷板表面，而液体因真空压差的作用及陶瓷板的亲水性顺利通过微孔陶瓷板进入气液分配装置（真空桶），外排或循环利用达到固液分离的目的。由于过滤介质微孔陶瓷板孔径很小，所以滤液中固体含量很少，滤液清澈，物料基本没有流失，符合《污水综合排放标准》(GB 8978—1996)，并且可进入工业水循环系统充分利用，达到高精度固液分离及滤液可重复利用的目的。

过滤是利用多孔物质作为介质，把固体从固液混合体中截留下来，只让液体从介质的孔隙中通过，从而使固液分离的过程。通常把要过滤的固液混合体称为滤浆，把带有许多小孔的物质称为过滤介质。经过滤后，从滤浆中分离出来的液体称为滤液，被过滤介质截留下来的固相部分称为滤饼或滤渣。

4.4.1.2 影响过滤的因素与提高过滤效率的途径

A 影响过滤的因素

在连续生产的过滤作业中，影响过滤的因素是比较复杂的。归纳起来，可以分为下述几个方面。

（1）滤浆的性质。对精矿过滤产生影响的滤浆性质，主要有矿浆浓度和温度、精矿的粒度组成及矿浆中所含选矿药剂的种类和性质。

对于真空过滤作业，在其他条件一定的情况下，滤饼厚度随矿浆浓度的增大而增加，滤饼水分随矿浆浓度的增大而减少。一般地说，较高的矿浆浓度对过滤有利。

矿浆黏度随矿浆温度的升高而降低。提高矿浆温度，不仅可以提高过滤速度、降低滤饼所含水分，而且可以增大滤饼厚度、提高过滤机生产率。

矿浆中的精矿粒度及其组成对过滤效果有显著影响。粒状或粗粒精矿，因其形成的滤饼孔隙度大，滤饼比阻小，滤液容易通过，过滤机的生产率较高，滤饼水分也较低；扁平状或细粒精矿，因其所形成的滤饼孔隙度小，滤饼比阻大，滤液不易通过，过滤机的生产率较低，滤饼水分也较高；至于微细的胶体矿粒精矿，不但矿浆黏度大，而且还会堵塞滤孔，造成过滤困难。

矿浆中选矿药剂对过滤的影响，因药剂种类、性质以及用量的不同而异。浮选药剂的存在，都会降低矿浆的可滤性。

（2）滤饼性质。对过滤过程产生影响的滤饼性质主要有滤饼孔隙度和滤饼厚度。

滤饼的孔隙度越大，滤液越容易通过，滤饼水分也越低。为了获得较高的生产率和较低的滤饼水分，滤饼的孔隙度应该尽可能大一些。但是，真空过滤不允许滤饼产生龟裂。因为滤饼的裂缝会使过滤室与大气直接相通而丧失真空，反而会使过滤过程因失去推动力而无法进行下去。

在其他条件一定的情况下，过滤机的生产率与滤饼厚度成正比，为了获得较高的生产率，滤饼应尽可能厚些。但是，滤饼厚度是决定过滤阻力的主要因素。由于滤饼阻力与滤饼厚度成正比，因此滤饼又不能太厚。滤饼的适宜厚度应当通过试验确定。

（3）过滤介质的性质。在过滤介质的性质中，对过滤产生影响的主要是透气性。介质透气性的好坏，直接关系到介质过滤阻力的大小。在连续的过滤作业中，因为过滤介质周而复始地处于过滤的不同阶段，所以不但需要具有较好的透气性，而且需要具有容易复原（排除孔隙中阻留下来的固体颗粒以恢复透气性）的特点。

B　提高过滤效率的途径

（1）提高矿浆浓度。实践表明，提高矿浆浓度既可提高过滤机的生产率，又可降低滤饼水分。

（2）提高矿浆温度。矿浆黏度随矿浆温度的升高而减小，因此提高矿浆温度即可提高过滤效率。但是，由于对矿浆加热的费用很高，因此只在某些有废热可利用的选矿厂使用该法提高过滤总效率。

（3）使用助滤剂。矿浆中有矿泥或胶体微粒存在时，不但滤板的孔道容易阻塞，而且滤饼的孔隙度也比较小，加入适量的絮凝剂可以使矿泥絮凝，从而改善滤饼的结构和透气性，提高过滤效率。过滤物料极细时，固体颗粒间就具备了产生毛细现象的条件，滤液在其中的流动就要受到阻碍。加入适当的表面活性剂可以降低滤液的表面张力，也可达到强化过滤的目的。根据这两种不同的作用机理，可以把促进过滤的“助滤剂”分为絮凝型和表面活性剂型两类。近年来，助滤剂的使用日益增加，品种不断增多，选择药剂种类和确定药剂用量，一般都要通过实验。由于絮凝作用和某些助滤剂的分解与矿浆的酸碱度有关，因此，使用时必须把矿浆 pH 值调整到适宜的范围。

4.4.2　过滤设备

过滤设备在生产、科研的许多部门都有普遍的应用，由于处理对象和目的不同，有多种多样的型式。选矿厂通常使用以滤布为介质的真空过滤机。所谓真空过滤机，是利用“抽真空”的方法使过滤介质排出滤液的一侧减为负压（压力小于大气压），从而与盛放滤浆的另一侧形成一定的压力差，靠这个压力差以抽吸的方式通过过滤介质将滤液从滤浆中分离出来。

（1）陶瓷过滤机的工作过程。陶瓷过滤机运转一周，完成四个工作过程：即在吸浆（料）区完成吸料工作，在干燥区完成二次脱水干燥工作，在卸料区完成卸料工作，在清洗区完成对微孔陶瓷过滤板的反冲洗工作。如此循环往复，周而复始。

（2）主要构造。陶瓷过滤机主要由辊筒系统、搅拌系统、给排矿系统、真空系统、滤液排放系统、刮料系统、反冲洗系统、联合清洗（超声波清洗、自动配酸清洗）系统、全自动控制系统、槽体、机架几部分组成，如图 4-8 所示。

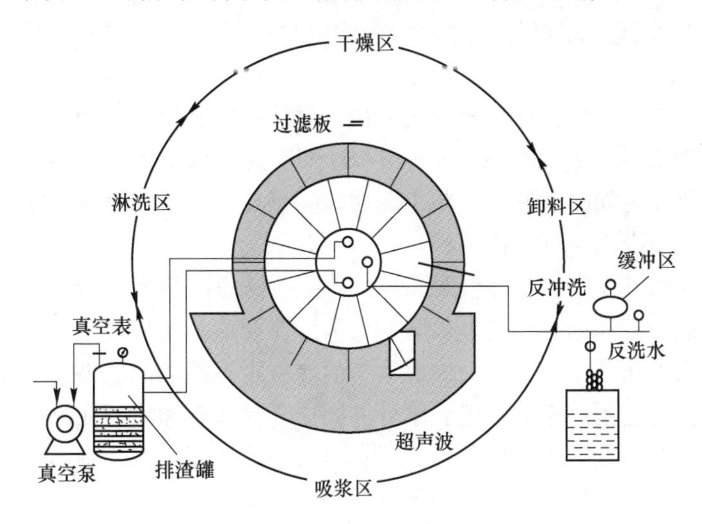

图 4-8 陶瓷过滤机

槽体采用耐腐蚀的不锈钢，起装载矿浆的作用；搅拌系统在槽体内搅拌混合物料，避免物料的快速沉降；陶瓷过滤板安装在辊筒上，辊筒在可无级变速的减速机的带动下旋转。

陶瓷过滤机选用的过滤介质为陶瓷过滤板，不用滤布，可以降低生产成本；卸料时刮刀和滤板之间留有 1mm 左右的间隙，可以防止机械磨损，延长使用寿命。陶瓷过滤机采用反冲洗、联合清洗等方法结合清洗，该系统采用 PLC 全自动控制，并配有变频器、液位仪、计量泵等装置。开机时，矿浆阀门由液位仪监控，控制矿浆液位的高低，真空罐滤液由液位仪检测，当至高位时，PLC 控制系统迅速打开滤液泵出口阀门，快速排水。

4.5 影响陶瓷过滤机产能的因素

影响陶瓷过滤机产能的因素有温度、精矿浓度、矿浆 pH 值、料位高低等。

（1）温度。通常是温度越高的液体黏度越小，越有利于提高过滤速度，降低滤饼或沉渣的水分；同时降低料浆的黏度能提高处理量。

（2）精矿浓度。精矿浓度可以改变悬浮液的性质，因为悬浮液浓度达到一定值后，其黏度不再是恒定值，属于非牛顿流体性质。对细微颗粒的悬浮液，低浓度料浆滤饼阻力大于高浓度料浆的滤饼阻力，所以提高精矿浓度可以改善过滤性能。精矿浓度高，一般处理量高，可以采用跑溢流来提高精矿浓度。精矿浓度过高对搅拌有影响，通过调整溢流位可达到高产能。

(3) 矿浆 pH 值。矿浆 pH 值影响颗粒的电势因而影响其流动性，根据物料性质改变矿浆 pH 值可有效提高陶瓷过滤机产能。

(4) 料位高低。随着陶瓷过滤机槽体内精矿浆料位的增高，陶瓷过滤板在真空区内的吸浆时间延长，吸浆厚度增大，产能增加。但干燥时间相对缩短，精矿水分会适当增大。因此应选择最佳料位，以使产能和精矿水分达到要求。

(5) 主轴转速。主轴转速变慢，在真空区滤饼形成时间变长，产能逐渐增大，但由于单位时间吸浆厚度不与主轴转速变慢成正比，所以陶瓷过滤机的产能会在某个转速范围内呈现最高值。

另一方面随着主轴转速变慢吸浆厚度增大，也影响精矿水分。对于黏性物料来说，陶瓷过滤机开始工作时是以陶瓷板为过滤介质，当形成滤饼后逐渐转化为以滤饼本身为多孔过滤介质，而黏性物料的滤饼则不易形成，外表不能形成干燥滤饼，主轴转速变慢易于降低精矿水分。同样主轴转速加快，在真空区滤饼形成时间缩短，吸浆厚度减薄，对于易成形物料可提高产能。但主轴转速太快后不易于清洗每一个循环的陶瓷板。而对于黏性物料，主轴转速加快后滤饼不易形成，会影响产能。所以使用陶瓷过滤机应针对精矿固有性质探索最佳主轴转速。

(6) 搅拌转速。陶瓷过滤机吸浆机理实际是精矿颗粒在真空力的作用下做运动，搅拌转速较快影响细颗粒的吸浆。对易沉降料浆应提高搅拌转速，一方面可防止料浆沉降，另一方面易于颗粒的吸附。黏性物、不易沉降物、粒径较细物一般搅拌转速变慢，砂性物、易沉降物、粒径较粗物一般搅拌转速变快。

(7) 真空度。一般情况下真空度高、真空吸力大，产能高，滤饼水分控制得就好。目前有的陶瓷过滤机配套了二级或多级真空系统来获得几乎绝对的真空，可达到 0.09 ~0.098MPa。

(8) 刮刀间隙。由于陶瓷过滤机采用非接触式卸料，刮刀间隙与陶瓷过滤板间隙越小，单位时间内刮下的滤饼越多，则产能越高，因此在条件允许下可调整刮刀间隙。刮刀和陶瓷过滤板之间应留有 1mm 左右的间隙，以防止机械磨损，延长使用寿命。

(9) 陶瓷过滤板。物料粒径及分布与陶瓷过滤板微孔应相匹配，虽然陶瓷过滤板孔径越大越易吸浆，但易引起陶瓷过滤板堵塞；另外，在陶瓷过滤板孔径相同的情况下，应选择透水率高的陶瓷过滤板，因为透水率越高吸浆性能越好。

4.6 过滤机的操作与维修

在选矿厂，过滤一般作为第二段脱水作业衔接于浓缩之后；在三段脱水流程中，它的后面还连着干燥作业。因此，过滤机运转的正常与否，对整个脱水过程的进行有直接影响。

过滤机运转前的检查内容一般包括：搅拌器是否脱落和有无障碍，管道是否通畅，各部件的连接螺栓有无松动；轴承、变速箱是否缺油、漏油；齿轮啮合是否正常等。当确认一切正常以后，再盘车1～2转，方可启动。待正常运转1min左右，即可通知启动其他辅助设备，并通知砂泵送矿。

对运转中的过滤机，应当按照规程要求经常检查的内容包括：变速箱是否有噪声；传动齿轮的啮合情况；各运动部件和轴承的润滑情况和温升；分配头、管道、阀门是否漏气漏矿；真空度和风压是否符合要求；滤液是否浑浊；自动排液装置动作是否灵活可靠。

过滤机停车时，应提前停止给矿，待容浆槽内的矿浆处理完毕，即可通知真空泵停车，同时通知过滤机停车。遇事故停车时间较长时，应当放出容浆槽内的矿浆。

过滤机依靠真空作为脱水的动力。为了保持较高的真空度，提高过滤效率，必须使过滤室和分配头的密闭良好。要经常检查分配头的润滑情况，并且要定期研磨，以保证接触面密合。为了降低过滤阻力和使滤液清澈，陶瓷片要注意清洗，发现破漏必须及时修补或更换，以避免大量矿砂进入过滤室和分配头而使磨损加剧。

本节介绍陶瓷过滤机的常见故障。

影响陶瓷过滤机作业率的因素主要有：陶瓷过滤板的酸洗和故障时间。因此要提高其作业率，就必须减少故障时间。陶瓷过滤机常见故障发生的可能原因及排除方法见表4-4。

表4-4 陶瓷过滤机的常见故障发生的可能原因及排除方法

常见故障	可能原因	排除方法
齿轮有噪声	1. 齿面磨损过甚； 2. 齿轮啮合不好； 3. 轴承间隙过大或固定螺栓松动； 4. 轴弯曲	1. 修复齿面或更换齿轮； 2. 调整啮合间隙； 3. 调整轴承间隙，紧固螺栓； 4. 校直或更换
轴承过热	1. 缺油或油质不良； 2. 轴承安装不正或间隙过小； 3. 轴弯曲	1. 加油或更换新油； 2. 校正或调整间隙； 3. 校直或更换
滤液浑浊	1. 滤布孔隙过大； 2. 陶瓷板破漏	1. 换用规格适宜的滤板； 2. 修补或更换
陶瓷板损耗过大	1. 刮板过于锋利； 2. 刮板与滤板间距过小； 3. 滤板破损	1. 更换刮板； 2. 增大间距； 3. 修复或更换

续表 4-4

常见故障	可 能 原 因	排 除 方 法
滤饼水分过高	1. 真空度偏低； 2. 分配头接触面不严密； 3. 管路漏气； 4. 滤孔堵塞或管路阻力增大； 5. 滤饼过厚或脱水时间不够	1. 适当提高真空泵的真空度； 2. 改善接触面的密合情况； 3. 密封漏气处； 4. 清洗滤板或疏通管路、减小阻力； 5. 适当降低容浆槽中的矿浆液面，改变筒体或圆盘转速

另外还有：

（1）真空度低，不能满足生产要求。主要原因是真空管路泄漏、真空泵循环水不够、真空泵叶轮磨损、分配头磨损、陶瓷过滤板破损、滤液桶排水阀未关紧、矿浆槽料位较低等。

（2）反冲洗水压力低或者波动。主要原因是反冲洗水管路系统堵塞或泄漏、分配头磨损。

（3）滤液桶液位居高不下。主要原因是循环水泵叶轮或泵壳磨损、气压不足以致排水阀无法打开，或排水阀本身故障、滤液桶与循环水泵之间的管路有泄漏。

（4）超声波清洗时陶瓷过滤板清洗不干净。主要原因是电源箱有故障、电源保险烧坏、线路老化、换能头烧坏、超声盒击穿、矿浆槽水位过低。

（5）计量泵工作不正常及反冲洗水倒回酸桶。主要原因是计量泵开关未打开、隔膜磨损、频率过低、连接酸管和反冲洗水管的单向阀磨损。

5 尾 矿 库

金属和非金属矿山开采出的矿石，经选矿厂分选得到一定量的精矿的同时还会产生大量尾矿。这些尾矿不仅量大，有些还含有暂时未能回收的有用成分。尾矿若随意排放，不仅会造成资源流失，还会淤塞河道、大面积覆没破坏农田、造成严重的环境污染，因此必须对尾矿进行妥善处理。尾矿除一部分可作为建筑材料、充填矿山采空区以及用于海岸造地等外，绝大部分都需要妥善储存在尾矿库内。一般情况下，通过在山谷口部或洼地的周围建筑堤坝来形成尾矿储存库，然后将尾矿排入库内沉淀堆存，这种专用储存库简称为尾矿库或尾矿场、尾矿池。将选厂排出的尾矿送往指定地点堆存或使用的过程和方法称为尾矿处理。为尾矿处理所建造的全部设施，称为尾矿设施。

尾矿设施一般由尾矿输送系统、尾矿堆存系统、尾矿库排洪系统、尾矿回水系统和尾矿水净化系统等几部分组成。

尾矿输送系统一般包括尾矿浓缩池、砂泵站、尾矿输送管道、尾矿输送明渠、事故泵站及相应辅助设施等。尾矿堆存系统一般包括坝上放矿管道、尾矿初期坝、尾矿后期坝、浸润线观测、位移观测以及排渗设施等。尾矿库排洪系统一般包括拦水坝、截洪沟、溢洪道、排水井、排水管、排水隧洞等构筑物。尾矿回水系统大多利用库内排洪井、管将澄清水引入下游回水泵站，再扬至高位水池；也有在库内水面边缘设置活动泵站直接抽取澄清水，扬至高位水池。尾矿水净化系统主要指当需要外排的尾矿库澄清水水质未能满足排放标准、含有有害或污染物质时，对其进行专门净化处理的设施。

5.1 尾矿库建设

尾矿库建设涉及的流程如图 5-1 所示，其中还包括后续尾矿库安全生产许可证及排污许可证的办理、环评验收批复等工作。安全、环保的验收均按设计批复内容“照单点菜”，能否通过验收就要看各项设施是否完备、齐全。建议尾矿库的建设过程中不随意更改或取消设计中的各项设施，建设成本的降低可采用其他方式来实现。随意更改或取消的后果就是投入更多的人力、物力、财力来完善，影响验收进度。

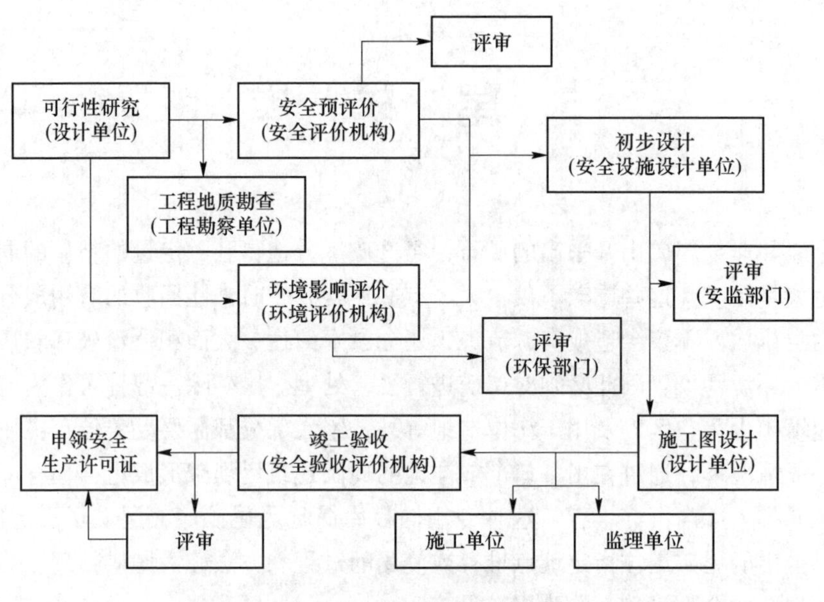

图 5-1　尾矿库建设流程

5.1.1　尾矿库设计要求

尾矿库的设计要求如下。

（1）尾矿库不应设在下列地区：1）风景名胜区、自然保护区、饮用水源保护区；2）国家法律禁止的矿产开采区域。

（2）尾矿库库址选择应经多方案技术经济比较后综合确定，并应符合下列要求：1）不宜位于大型工矿企业、大型水源地、重要铁路和公路、水产基地和大型居民区上游；2）不宜位于居民集中区主导风向的上风侧；3）不宜位于有开采价值的矿床上面；4）汇水面积应小，并应有足够的库容；5）应避开地质构造复杂、不良地质现象严重区域；6）上游式湿排尾矿库有足够的初、终期库长；7）沟底纵坡陡于 20% 不得建设湿式上游法尾矿库。

（3）废弃的露天采坑及凹地储存尾矿时，应进行安全性专项论证。废弃的露天采坑下部有采矿活动的，不宜储存尾矿；确需用时，应在安全性专项论证的基础上提出安全技术措施，以保证地下采矿安全。

5.1.2　竣工及验收

竣工及验收要求如下。

（1）尾矿库安全设施必须按照施工图施工。

（2）各项工程必须经分段验收合格后，方可进行下一阶段施工。

(3) 施工原始记录和隐蔽工程文字记录及影像等还应移交生产经营单位存档保存。施工单位在竣工验收时应完成对初期坝体的初次监测，并将监测基点和监测结果等数据移交生产经营单位。

(4) 尾矿库安全设施竣工经生产经营单位组织、项目参与单位内部验收合格后，方可进行试运行，试运行时间不应超过6个月且尾矿排放不得超过初期坝坝顶标高。安全、环评验收均要通过验收评价机构现场验收。

(5) 尾矿库安全设施的验收应按照《尾矿设施施工及验收规范》及其他有关规定进行。

5.2 初期坝与堆积坝

5.2.1 初期坝

5.2.1.1 *初期坝构筑要求*

初期坝的建筑，(1) 要有足够的强度，应尽量避开溶洞、泉眼、滑坡、活断层等不良地质构造，以防塌陷、滑动而导致坝体破坏。(2) 作为整个尾矿坝的支撑棱体的初期坝，除了本身要有足够的稳定性，要能承受它上面的子坝和库内尾矿的压力之外，还应具有较好的透水性。(3) 初期坝的高度除满足初期堆存尾矿、澄清尾矿水、尾矿库回水和冬季放矿要求外，还应满足初期调蓄洪水要求。

要求初期坝有一定的透水性，是为了防止它上面的尾矿堆积坝达到某一高度后，浸润线高于初期坝坝顶，尾矿中的水会从堆积坝坡大量逸出，导致坝面沼泽化，饱含水的堆积坝可能因为失去抗剪强度造成管涌，导致垮坝事故。尤其是在受到地震影响时，这种被“液化”了的尾矿甚至会发生流动。

浸润线是坝体中水的最高渗流路径，是渗流区域与非渗流区域之间的界线。它随库内水位的变化而变化。在浸润线以下的土（砂）层均属饱和状态。由于毛细管现象，使土（砂）在浸润线以上一定高度内也呈饱和状态。毛细管水上升的高度受土（砂）质影响，黏土含量越大，上升高度越高。在一般情况下，亚黏土毛细管水上升高度约为1m，尾矿要低一些。

5.2.1.2 *初期坝的坝型*

按初期坝的透水性不同，坝型可分为不透水坝和透水坝。

不透水初期坝是用透水性较小的材料筑成的，因其透水性远小于库内尾矿的透水性，不利于库内沉积尾矿的排水固结。当尾矿堆高后，浸润线往往从初期坝坝顶以上的后期坝坝脚或坝坡逸出，造成坝面沼泽化，不利于坝体的稳定性。这种坝型适用于不用尾矿筑坝或因环保要求不允许向库下游排放尾矿水的尾矿库。

透水初期坝是用透水性较好的材料筑成的初期坝。因其透水性大于库内尾矿的透水性，可加快库内沉积尾矿的排水固结，并可降低坝体浸润线，因而有利于提高坝体的稳定性。这种坝型是初期坝比较理想的坝型。透水初期坝的主要坝型有堆石坝或在各种不透水坝体上游坡面设置排渗通道的坝型。

5.2.2　堆积坝

选矿厂投产后，在生产过程中随着尾矿不断排入尾矿库，在初期坝坝顶以上用尾砂逐层加高筑成的小坝体，称之为子坝。子坝用以形成新的库容，并在其上敷设放矿主管和放矿支管，以便继续向库内排放尾矿。子坝连同子坝坝前的尾矿沉积体统称为堆积坝（也称尾矿堆积坝）。可见堆积坝除下游坡面有明确的边界外，没有明确的内坡面分界线。也可认为沉积滩面即为其上游坡面。

随着选矿生产的持续进行，尾矿堆积越来越多，子坝的构筑也就需要不断进行。堆好管好后期子坝是选矿厂尾矿处理的主要任务。

尾矿堆筑方法按筑坝特点分为上游式尾矿筑坝、下游式尾矿筑坝和中线式尾矿筑坝，下面详细介绍上游式尾矿筑坝。

上游式尾矿筑坝的特点是子坝中心线位置不断向初期坝上游方向移升，坝体由流动的矿浆自然沉积而成，如图 5-2 所示。受排矿方式的影响，往往含细粒夹层较多，渗透性能较差，浸润线位置较高，故坝体稳定性较差。但该法具有筑坝工艺简单、管理相对简单、运营费用较低等优点，且对库址地形没有太特别的要求，所以国内外均普遍采用。

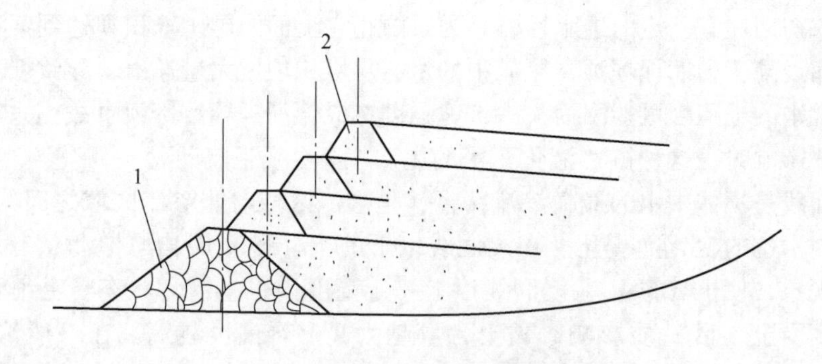

图 5-2　上游式尾矿坝

1—初期坝；2—子坝

当尾矿浆浓度（质量分数）超过 35% 时，不宜采用冲积法直接筑坝（可采用坝前稀释法稀释矿浆，使矿浆浓度（质量分数）为 19%~22%，以及采用坝前旋流器法进行粗细分离）；当尾矿浆浓度（质量分数）超过 35%，且拟采用冲积法进行上游式筑坝时，应进行尾矿堆坝试验研究。上游式尾矿堆积子坝宜采用尾矿堆筑，也可采用废石、砂石或其他当地材料堆筑。

上游式尾矿堆积坝沉积滩顶与设计洪水位的高差应符合表5-1中的最小安全超高的规定；同时滩顶至设计洪水位水边线的距离应符合表5-1中的最小干滩长度的规定。

表5-1 上游式尾矿堆积坝的最小安全超高与最小干滩长度 (m)

项 目	坝的级别				
	1	2	3	4	5
最小安全超高	1.5	1.0	0.7	0.5	0.4
最小干滩长度	150	100	70	50	40

注：1. 3级及3级以下的尾矿坝经渗流稳定论证安全时，表内最小干滩长度最多可减少30%；
2. 地震区的最小干滩长度应符合《构筑物抗震设计规范》(GB 50191—2012) 的有关规定。

5.3 尾矿库排洪系统

尾矿库排洪系统要求如下。

(1) 尾矿库必须设置排洪设施。

(2) 尾矿库的排洪方式及布置应根据地形、地质条件、洪水总量、调洪能力、尾矿性质、回水方式及水质要求、操作条件与使用年限等因素，经技术经济比较确定，并应符合下列要求：1) 上游式尾矿库宜采用排水井（或斜槽)—排水管（或隧洞）排洪系统；2) 一次建坝的尾矿库在地形条件许可时，可采用溢洪道排洪，同时宜用排水井（或斜槽）控制库内运行水位；3) 当上游汇水面积较大、库内调洪难以满足要求时，可采用上游设拦洪坝截洪和库内另设排洪系统的联合排洪系统，拦洪坝以上的库外排洪系统不宜与库内排洪系统合并；当与库内排洪系统合并时，应进行论证，合并后的排水管（或隧洞）宜采用无压流控制；采用压力流控制时应进行可靠性技术论证，必要时应通过水工模型试验确定；4) 除库尾排矿的干式尾矿库外，三等及三等以上尾矿库不得采用截洪沟排洪；5) 当尾矿库周边地形、地质条件适合时，四等及五等尾矿库经论证可设截洪沟截洪分流。

(3) 尾矿库正常运行时不得采用机械排洪。

(4) 排洪设施在终止使用时应进行封堵，封堵后应同时保证封堵段下游的永久性结构安全和封堵段上游库尾矿堆积坝渗透稳定安全和相邻排水建筑物安全。

(5) 排水井在终止使用时，应在井座上部、井座、支洞进口或支洞内采取封堵措施，封堵体宜采用刚性结构，并不得设置在井顶。

三等及三等以下的尾矿库在尾矿坝堆至1/2~2/3最终设计总坝高、一等及二等尾矿库在尾矿坝堆至1/3~1/2和1/2~2/3最终设计总坝高时，应分别对坝体进行全面的工程地质和水文地质勘察。对于尾矿性质特殊、投产后选矿规模或工艺流程等发生重大改变、尾矿性质或放矿方式与初步设计相差较大等情况，可不受堆高限制根据需要进行全面勘察；并根据勘察结果，对尾矿坝进行全面论证，以验证最终坝体的稳定性和确定后期处理措施。

5.3.1　后期堆筑坝的排渗

为了坝体的安全稳定，必须设置排渗设施。后期堆筑坝可采用的排渗设施包括以下几种。

（1）底部排渗设施。当尾矿坝位于不透水地基上时，常采用底部排渗设施，以降低浸润线。如图 5-3 所示的立式排渗是国外采用较多的一种，包括水平和竖向两部分，其夹角可呈锐角、直角或钝角。这种位于初期坝内的排渗设施应在尾矿库投入使用前建成。

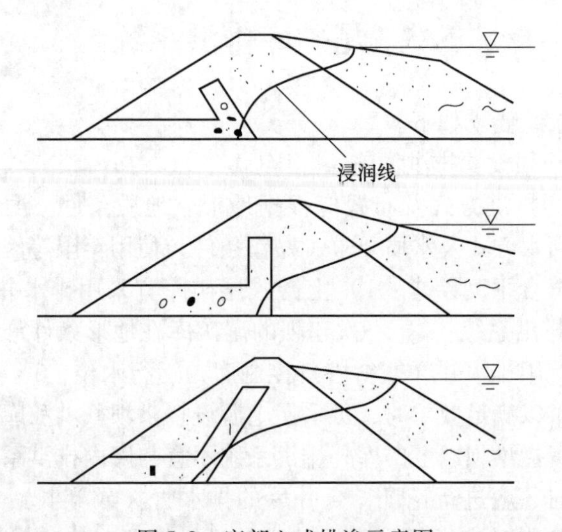

图 5-3　底部立式排渗示意图

（2）贴坡滤层。在初期坝和地基都不透水、又未设底部排渗体的情况下，浸润线将由后期堆积坝的坝坡逸出。为防止尾矿流失，可设贴坡滤层，如图 5-4 所示。为了保证渗透稳定性，在排渗设施与尾矿砂之间需设反滤层。

（3）渗管或渗井。在尾矿堆积坝体上设置渗管或渗井，可防止浸润线由坝坡逸出，特别是渗井可大幅度降低坝坡浸润线位置，对坝体稳定和防止坝坡地震液化更为有利。

渗管或渗井一般都与坝轴线呈平行布置。渗管坡向两侧或中间的集水管如图 5-5(a) 所示，坡度由不淤流速确定，一般为 1% 左右。渗井是在底部衔接集水管，如图 5-5(b) 所示，也可与底部排渗连接。不能自流的渗井，则应在井口设泵抽水。

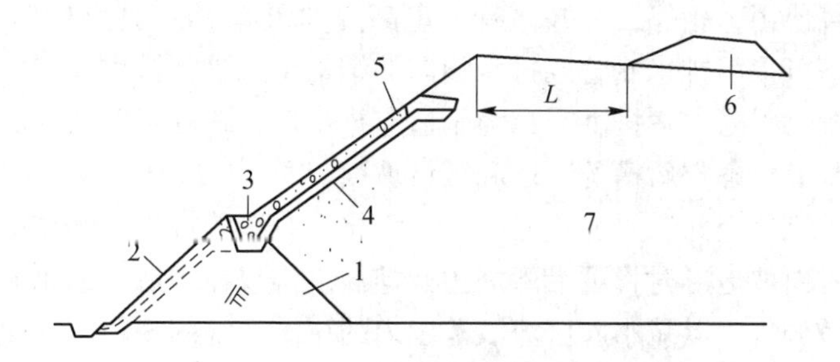

图 5-4 贴坡滤层排渗

1—土坝；2—横向盲沟；3—纵向盲沟；4—反滤层；5—贴坡滤层；6—子坝；7—尾矿；L—子坝至边坡的距离

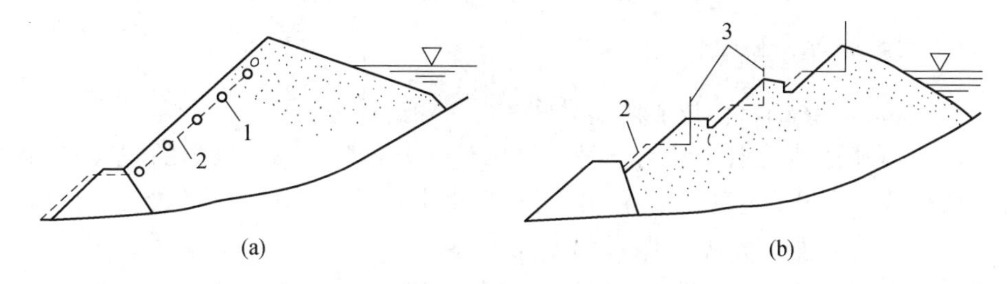

图 5-5 用渗管或渗井排渗示意图

（a）渗管排渗；（b）渗井排渗

1—排渗管；2—集水管；3—排渗井

渗管和渗井管可采用带孔的钢管、铸铁管、钢筋混凝土管，外包缠丝层或橡皮层，也可采用自身有许多孔隙的无砂混凝土管。四周填以碎石、粗砂砾做反滤层。

5.3.2 尾矿库防洪排水设施

尾矿库设置排洪系统的作用有两个：(1) 为了及时排除库内暴雨积水；(2) 兼作回收库内尾矿澄清水用。对于一次建坝的尾矿库，可在坝顶一端的山坡上开挖溢洪道排洪，其形式与水库的溢洪道相似。对于非一次建坝的尾矿库，排洪系统应靠尾矿库一侧山坡进行布置，选线应力求短直；地基的工程地质条件应尽量好，最好无断层、破碎带、滑坡带及软弱岩层或结构面。尾矿库排洪系统布置的关键是进水构筑物的位置。由于坝上排矿口的位置在使用过程中是不断改变的，进水构筑物与排矿口之间的距离应始终能满足安全排洪和尾矿水得以澄清的要求。也就是说，这个距离一般应不小于尾矿水最小澄清距离、调洪所需滩长和设计最小安全滩长（或最小安全超高所对应的滩长）三者之和。

当采用排水井作为进水构筑物时，为了适应排矿口位置的不断改变，往往需建多个井接替使用，相邻二井井筒有一定高度的重叠（一般为0.5～1.0m）。进水构筑物以下可采用排水涵管或排水隧洞的结构型式进行排水。

当采用排水斜槽方案排洪时，为了适应排矿口位置的不断改变，需根据地形条件和排洪量大小确定斜槽的断面和敷设坡度。

有时为了避免全部洪水流经尾矿库增大排水系统的规模，当尾矿库淹没范围以上具备较缓山坡地形时，可沿库周边开挖截洪沟或在库后部的山谷狭窄处设拦洪坝和溢洪道分流，以减小库区淹没范围内的排洪系统的规模。排洪系统出水口以下用明渠与下游水系连通。

5.4 尾矿输送系统及尾矿水回用、净化

5.4.1 尾矿输送系统

尾矿输送系统通常由尾矿浓缩设施和尾矿输送设施组成。

（1）尾矿浓缩设施。黑色金属选矿和有色金属重力选矿排出的尾矿浆的浓度一般较低，为了节省新水消耗，降低选厂供水和尾矿输送设施的投资及经营费用，常在厂前修建浓缩池，回收尾矿水供选矿生产循环使用。尾矿浓缩通常使用的设备有机械浓密机、倾斜板浓缩箱、水力旋流器、高效浓缩机等。

（2）尾矿输送设施。选矿厂尾矿水力输送应结合具体情况因地制宜。如果有足够的自然高差能满足矿浆自流坡度，应选择自流输送；如果没有自然高差，可选择压力输送，如图5-6所示；如部分地段有自然高差可利用，则可选择自流和压力联合输送，如图5-7所示。

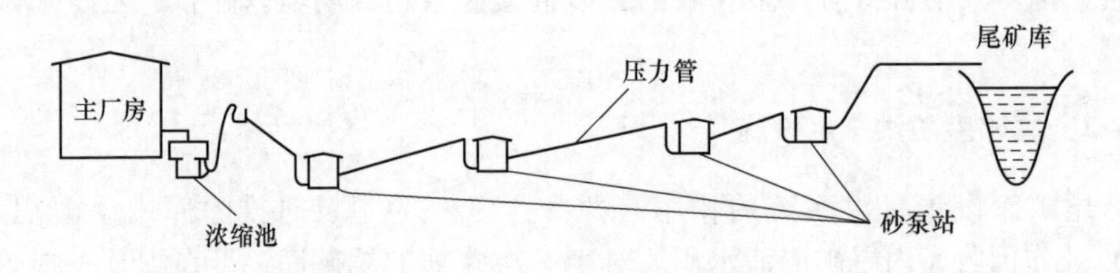

图5-6　尾矿压力输送示意图

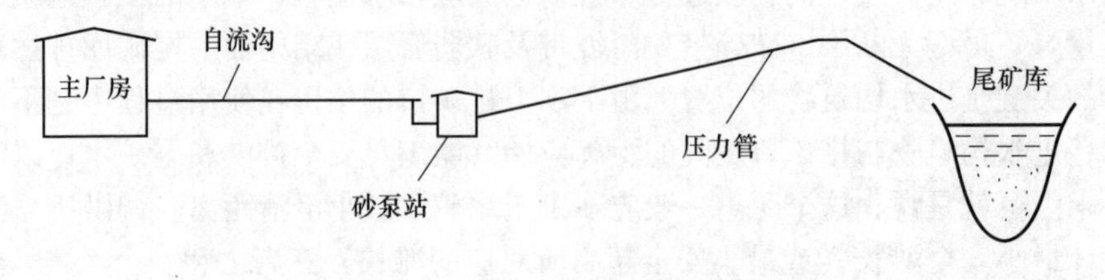

图5-7　尾矿联合输送示意图

5.4.2 尾矿水回用、净化

5.4.2.1 尾矿库澄清水的回收方式

尾矿浆排入尾矿库内以后，边流动边沉淀，经过一定时间的曝晒和澄清后，自净效果是显著的。实践表明，只要澄清距离足够长，在尾矿库内经过曝气自净后的澄清水一般均可直接回收，供选矿厂生产重复使用。

尾矿库内尾矿澄清水的回水方式大多通过溢流井或斜槽进入排水管，流至下游回水泵站，再扬送到选矿厂高位水池，供选矿厂生产使用。

如果有合适的地形条件，可在尾矿库内澄清水区旁边建立活动回水泵站，不需经排水井和排水管，直接将澄清水扬送到高位水池。这样可减少回水的扬程，以节省电力。这样的泵站形式有：缆车式取水泵站，又称斜坡道式取水泵站；囤船式取水泵站，又称浮船式取水泵站；地面简易取水泵站等。

还有的矿山在尾矿库下游设置截水池拦截坝体渗水，扬回库内或选矿厂高位水池。

5.4.2.2 尾矿水的排放及净化

A 尾矿水的排放

尾矿库澄清水虽然在尾矿库内经过自净，但仍有极少量的有害物质不能完全去除。尾矿水与其他工业废水相比有以下特点：（1）数量大；（2）有害物质含量通常不高；(3) 经过尾矿床长时间澄清并与地表径流混合后排出。

因此，从尾矿库排出的尾矿澄清水一般对下游危害较轻或无害。为了充分利用尾矿水，减少选厂的生产供水成本，应尽可能地回用尾矿水。

如果有害物质的含量超过有关标准又需大量外排时，须进行净化处理，使其水质达到国家和地方制定的污水排放标准。我国现行的污水排放标准是由国家环境保护总局发布，1998 年 1 月 1 日实施的《污水综合排放标准》(GB 8978—1996)。此外，各省、自治区、直辖市根据当地的具体情况，制定有地区性的污水排放标准，其中有些项目的标准高于国家标准。

B 尾矿水的净化处理

尾矿水的净化处理包括自然净化和人工净化两类。

a 自然净化

自然净化就是尾矿浆排入尾矿库后，先在水面以上的沉积滩上流动，这个阶段曝晒较充分，残存药剂气味大量挥发。接着进入库内水域，细粒尾矿大量沉淀，水质逐渐变清。最后澄清水由排水井溢出。

据统计，铅锌矿选矿厂的尾矿水在尾矿库内澄清后，有害成分的含量可大大降低。如铜和铅可降低30%，黄药、黑药降低50%~60%，酚类降低60%~80%。

自然净化的效果同环境、温度、历时长短以及与空气接触条件有关。我国尾矿库大多使用这种自净方法净化尾矿水，然后将澄清水回收循环使用，取得了满意的效果。

b 人工净化

当大量排放的尾矿水中有害物质的含量超过污水排放标准时，一般应进行人工净化处理。净化方法与有害成分有关。

尾矿水中的有害成分来源于矿石中的元素和选矿过程加入的药剂，常见的有铜、铅、锌、硫、黄药、黑药、松油等，极少数选厂的尾矿水中还含有氰化物、砷、酚、汞等。

尾矿水中往往含有不止一种有害物质，对这些有害物质应尽可能选用单一的净化剂，在一级净化流程内完成综合净化。当不可能应用单一的净化剂完成综合净化时，则需采用几种净化剂分级进行净化。

净化剂应尽量选用当地供应的廉价材料。如对铅锌矿的尾矿水，可采用本矿的铅锌矿石作为净化剂，以提取有机药剂。石灰是普遍使用的廉价净化剂，可广泛应用于净化铜离子和有机药剂。漂白粉对多种有害物质的净化均有效果。

（1）悬浮物的净化。个别尾矿水中因含有某些选矿药剂，致使极细粒尾矿呈胶体悬浮状态难以澄清。对此，可适当添加凝聚剂聚沉。添加石灰量为0.3%～0.5%时，悬浮颗粒很快沉淀，澄清效果很好。

（2）金属离子的净化。铜、铅、镍等金属离子的净化可用吸附等方法进行。例如在铜质量浓度为20mg/L的溶液中，加入氧化钙0.5g/L时，即可使铜的剩余质量浓度低于0.05mg/L。

（3）选矿药剂的净化。对浮选常用的黄药、松油、2号油、各号黑药和油酸等有机药剂，可使用活性炭、铅锌矿粉吸附或石灰乳、漂白粉等进行净化。

采用铅锌矿粉净化有机药剂的技术条件如下：（1）每清除1mg有机药剂需用铅锌矿粉200mg；（2）铅锌矿粉的粒度不大于0.1mm；（3）铅锌矿粉与水混合时，需充分搅拌，混合反应时间为60～90min；（4）沉淀时间不少于30min。

5.5 尾矿设施的操作、维护与管理

尾矿库是矿山企业的重要设施，同时又是较大的危险源和污染源。尾矿库能否安全稳定运行，除设计因素外，很大程度取决于尾矿库的日常操作与管理，所谓“三分设计，七分管理”。因此，科学的操作管理对尾矿库的安全、生态环境的保护、社会效益和经济效益均具有重要的意义。

5.5.1 尾矿设施的观测

5.5.1.1 坝体变形观测

观测坝体变形的目的是为了及时掌握尾矿坝的变形情况及其规律，研究有无

滑坡、滑动和倾覆等趋势，以确保坝体在使用中的安全。

坝体的变形可以通过观测坝体上“标点”的位移情况反映出来，而“标点”的位移又是通过对固定在两岸的基准点的位置变化来确定的。由于坝体变形有垂直和水平两个方向的，因此把实施垂直变形测量的基准点称为“起测基点”，把实施水平变形测量的基准点称为“工作基点”。为了引测和校测起测基点的高程，尾矿库区内还应设有3个以上的水准基点（也称校核基点），并连接成观测网。在方便的情况下，校核基点也可兼做基准点。

标点的布置应当根据坝的重要性、结构尺寸和地质情况等加以确定，并以能全面掌握构筑物的变形状态为原则。设计上一般选择有代表性且能控制主要变形情况的断面，如最大坝高段、合拢段，有排水管通过的地段，以及地基地形变化较大的区段，作为布置标点的观测横断面。断面间距为50～100m，断面数量不少于3个。

起测基点和工作基点一般都布置在每一排纵标点的延长线上，安设在不受放矿和筑坝影响、不致被外来机械破坏、便于进行观测的地方。高程应与同排标点的高程相近。为了消除其自身的高程或位置变化而导致的测量误差，需用基准点（或永久测点）校核。基准点应当设置在远离坝体的岩石或坚实的原土层上，以免受坝体变形或基础沉降的影响。

垂直变形观测使用水准仪。根据各排起测基点的高程观测各个标点的高程变化，即可确定坝体的垂直变形。

水平变形观测使用经纬仪。分别以各纵排两端的工作基点的连线（视准线）为基准，测量该纵排各观测标点的水平位移量，即可确定坝体的水平变形。

初期坝使用初期，应当每月观测一次。当坝体垂直和水平变形已基本稳定，并掌握了其变化规律以后，可逐渐减为每季或半年一次。但是遇到下列情况，则必须增加测次：（1）地震以后；（2）变形量显著增大时；（3）库内水位超过最高水位时；（4）久雨或暴雨后；（5）渗透情况显著变坏时。

5.5.1.2 浸润线观测

浸润线观测的目的在于了解坝体内浸润线的位置和变化情况，以判定坝体是否稳定、安全，并验证设计。

浸润线的观测点一般都布置在具有代表性的同一横断面上，如最大坝高断面、合拢段、坝内排水管所在的面等处。断面间距一般为100～200m。

每个观测横断面上，测点数量和埋设位置应根据断面大小、结构、坝基地质情况以及设计采用的渗透计算方法等因素确定，并以能掌握浸润线的形状及变化为原则。一般最少应布置三个测点：在坝顶上游边缘和排水棱体上游边坡与坝基的交点处各布置一点，再在其间埋设一点至几点，如图5-8所示。

浸润线一般平均每月观测一次，如遇上游水位超过正常水位或经常保持高水

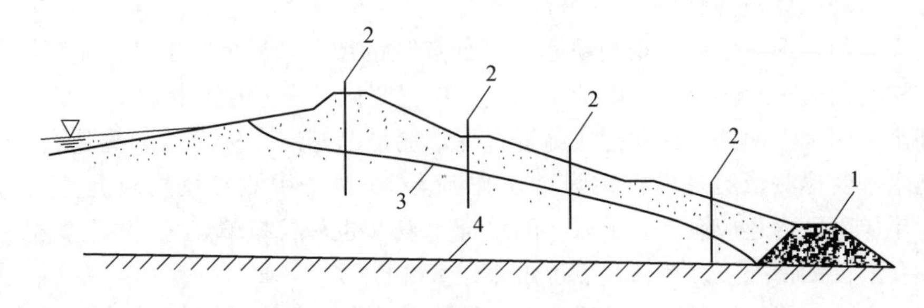

图 5-8　测压管布置示意图

1—坝；2—测压管；3—浸润线；4—不透水层

位，以及坝体异常时应增加测次。必要时每天观测一次。用电测水位器或测深钟测量测压管内的水位，每次观测应施测两回，其误差不应大于2cm。根据管内水位，即可描出浸润线。

5.5.1.3　渗流量观测

观测渗流量是为了了解坝体渗透水流量的变化规律，及时掌握排水设施的工作情况，判定坝体是否稳定和安全，并验证设计。

渗流量的观测可根据渗水情况和具体条件选用容积法、流速法或量水堰法。

容积法是直接用容器量测一段时间的渗流量，适用于5L/s以下小渗流量的观测。施测时应连续测量两次，取平均值；两次测值误差不应超过渗流量的5%。

除此之外，还有其他一些观测项目。例如，为了掌握筑坝尾矿固结情况的固结观测；为了了解堆坝过程中排水管、隧洞及地基受压情况的土压力观测等。这些项目的设置是根据尾矿库的不同等级和不同的目的要求由设计部门提出的。

5.5.2　尾矿浓缩与分级

尾矿浓缩与分级系统是尾矿设施中的重要部分，必须按设计与设备的要求，制定明确的安全管理规章制度，做好日常管理与定期维修工作，使设备保持良好状态，防止发生事故。

凡需浓缩而未浓缩的尾矿浆，非事故处理情况，不得送往泵站和尾矿库。浓缩机是尾矿浓缩系统的核心部分，必须严格按设计要求和设备有关规定操作运行，做好日常维修和定期检修。尾矿浓缩设施的操作管理要求包括：

(1) 浓缩机不宜时开时停，以免发生堵塞或卡机事故。凡需开机或停机，应预先通知主厂房和泵站，采取相应的安全措施。停机前，应先停止给矿，并继续运转一定时间；恢复正常运行之前，应注意防止浓缩机超负荷运行。运行中应注意观察驱动电机的电流变化，防止压耙等事故发生。

（2）给入和排出浓缩机的尾矿浓度、流量、粒度、密度和溢流水的水质、流量等，应按设计要求进行控制，并定时测定和记录。若上述某项指标不符合要求，且对下一道作业有影响时，应及时查明原因，采取措施予以调整，直至正常。

（3）浓缩池给矿流槽出口处的格栅与挡板及排矿管（槽、沟）等易发生尾矿沉积的部位，应定期冲洗清理。

（4）浓缩池周边溢水挡板高度应保持一致，以便均匀溢流，且排水沟应经常清理。

（5）浓缩池底部排矿阀门应定期检修，以维持均匀排矿。发生堵塞时，可用高压水疏通。浓缩池底廊应保持通畅，不得放置备件等障碍物。必须经常检查廊道内电缆，防止发生事故。

（6）寒冷地区必须做好防寒工作。冬季停止运行时，应采取保温措施或放空尾矿，以免冻裂浓缩池。

5.5.3 尾矿泵站及输送线路

尾矿泵站（简称砂泵站）是输送尾矿的关键设施，应经常或定期检查维修，使其保持良好的运行状态，将矿浆稳定无漏损地送至尾矿库。尾矿泵站能否正常运行，与操作人员的实际操作技能有关，不同的操作人员操作设备运行的效果及使用寿命是不同的。

操作人员必须熟练掌握本岗位设备的基本性能及正常运行状态的技术参数，如工作压力、工作电流、流量等。

尾矿泵站的操作管理要求包括：

（1）操作人员必须按安全生产制度和设备仪表的技术操作规程进行操作，严禁发生人身或设备事故。

（2）注意观察设备和仪表的运转与变化情况，并做好记录。若发现异常，应查明原因，及时排除。

（3）应加强配电室的安全管理，非值班人员不得进入配电室。对车间内配电设施，应有专门保护措施，以免因矿浆喷溅发生事故。

（4）矿浆池给矿口处的格栅，应经常冲洗，池内液位指示器应定期维护。注意观察池内液位，当液位过低时，必须及时调整，保证液位高于排矿口足够高度，防止空气进入泵内。

（5）地下或半地下式泵站内的排污泵必须保持良好状态，严防淹没泵站。

（6）应适当储备必要的备品和备用的设备仪表，以满足检修需要。

（7）当泵站发生事故停车后，操作人员应及时开启事故阀门实施事故放矿。待恢复生产时，事故池必须及时清理，使池内保持足够的储存容积。池内矿浆不得任意外排。

(8) 备用泵站应及时检修，使其尽快处于完好状态。

(9) 在操作中要做到“五勤”，即勤检查、勤联系、勤分析、勤调整、勤维护。

(10) 在检查中要做到：勤“看”，即看设备工作仪表的指示是否在正常的范围内；勤“摸”，即摸电机的温度是否太高、轴承的温度是否在允许的范围内、泵体是否振动等；勤“嗅”，即设备在运行过程中是否有焦味，在什么部位发出焦味；勤“听”，即听设备在运行过程中声音是否正常。并在设备运行记录中认真填写设备的运行状况。

砂泵常见故障及处理方法：

(1) 矿浆浓度过高、粒度过粗。可能引起电机过载，且长时间运转易烧毁电机。一般采用补加清水稀释的方法解决。

(2) 给矿不足。泵池打空泵体进气发生气蚀现象引起泵体剧烈振动，严重损坏泵体及过流件。一般处理方法是调整给矿量或补加清水。

(3) 轴承件运转不正常，引起轴承体发热。一般检查润滑的油质和油量，如油质太差，应予以更换，此外补加油量应适当。如电机轴与泵轴不同心应予以校正。轴承损坏应及时更换。

5.5.4 尾矿输送线路的维护管理

尾矿输送线路包括管、槽、沟、渠和洞，是输送矿浆的重要通道，必须加强管理和维护，保证畅通无阻。具体要求包括：

(1) 应经常巡视检查输送线路，防止堵、跑、冒、滴、漏。对易造成磨损和破坏的部位，应特别注意观察，若发现异常现象，要认真分析原因，及时排除。

(2) 对无浓缩设施的尾矿系统，应定期测定输送矿浆的流量、流速、浓度和密度，使其各项指标均符合设计要求。如有不符，须通知主厂房、浓缩池及上下泵站，查明原因，采取措施以保证正常输送。

(3) 输送线路应保持矿浆的设计流量，维持水力输送的正常流速，以保证输送管道不堵塞。当流速低于正常流速时，应及时加水调节。

(4) 寒冷地区应加强管、阀的维护管理和采取防冻措施，尽量避免停产。如停产必须及时放空，严防发生冻裂事故。

(5) 当停产时，必须及时开启输送管路的放空阀门，排放矿浆，以免堵塞。

(6) 通过居民区、农田、交通线的管、槽、沟、渠及构筑物应加强检查和维修管理，防止发生破管、喷浆和漏矿等事故。

(7) 输送渠槽磨损严重部位，在停产时应及时检修。衬铸石沟槽，如铸石板脱落，必须及时修补。管道焊接时应尽可能地减少错口。

(8) 自流输送渠槽上设置的拦污栅，应定期维护和修缮，及时清除树枝、石块等杂物，防止发生堵塞漫溢矿浆的现象。设有盖板的沟槽，必须及时处理掉入沟槽的盖板。发现正在使用的沟槽中有液面壅高时，应立即查明原因。如有沉积杂物，应及时清除。

(9) 输送线路通过填土堤处时，应保持排水沟畅通，防止雨水冲刷路堤。发现塌落时应及时修补。

(10) 山区管路应加强巡视，保持沿线边坡稳定。发现塌方，应及时处理。

(11) 金属管道应定期翻转，以延长使用年限，防止漏矿事故。备用管道应保持良好状态，能随时转换使用。

(12) 严禁在输送线路附近（包括线路上）进行采石、放炮、建房或堆料等危及线路安全的活动。

(13) 输送管路通过的隧洞，应加强巡视。发现衬砌破坏、围岩松动、冒顶或大量喷水漏砂及其他险情，必须及时采取措施，保持隧洞内排水畅通。

(14) 输送管路通过的栈桥应加强巡视，防止洪水冲毁桥墩和破坏桥面。

(15) 管道敷设应避免凹形管段，如避免不了，应在凹形管段的最低点设置可迅速开启的放矿阀。

(16) 尾矿管槽一般情况下明设于地表，在北方寒冷地区明设长距离的矿浆管道容易产生冻裂或冻结，而造成严重事故。尾矿管槽的保温可加保温层或将明设改为埋设（全埋或半埋）。由于尾矿管道磨损严重，每隔一段时间应将管道翻身。采取保温措施会给管道检修带来很大麻烦，故在实践中可考虑采用增大矿浆流速、及时放空管槽内的矿浆和积水并保证放空矿浆时有一定的流速等措施。

(17) 引起输送尾矿管道堵塞的原因很多，但归根到底是管道中矿浆的实际流速低于当时输送矿浆的临界流速。究其原因有矿浆的浓度突然增大、粒度变粗和矿浆中尾砂的级配不合理；另外泵本身的原因，如叶轮及过流件严重磨损而引起的输送能力下降；还有操作上的原因，如给矿不平衡等。输送尾矿管道堵塞事故的处理是比较困难的，其处理的方法是根据堵塞的程度不同而采取相应的处理措施。如管道堵塞不太严重，一般采用清水清洗即可；如管道堵塞比较严重，则一般采用先用高压水小流量向管道内注水，使管道内沉积的尾砂慢慢稀释，待管道的末端有少量高浓度的矿浆外溢时，再加大洗管的清水量，直至疏通为止；如管道堵塞很严重，则在管道堵塞段每间隔一段距离开外溢口逐段疏通，直至堵塞段全部疏通为止。

(18) 爆管是尾矿输送过程中最常见的事故，引起爆管事故的原因主要是管道局部堵塞后引起管道内压力增高，当其压力超过管道所能承受压力的范围时，即发生管道爆裂。长时间管道不检修磨损严重，当超过承受压力时，管道也会产生爆裂。管道爆裂后应及时将爆管处修复。此外，采用耐磨耐压的高分子复合管、根据管道的使用寿命及运行时间有计划地进行检修、将管道翻身或更换管道等均可有效预防管道爆裂。

5.5.5 尾矿筑坝与排放

5.5.5.1 *尾矿筑坝的基本要求*

尾矿筑坝的基本要求如下。

（1）尾矿筑坝一般先堆筑子坝，再通过排放尾矿，靠尾矿自然沉积形成尾矿坝的主体，子坝最后成为尾矿坝下游坡面的一层坝壳。所以说尾矿筑坝应包含堆筑子坝和尾矿排放两部分，而且后者更为重要。

（2）每期堆坝作业之前必须严格按照设计的坝面坡度，结合本期子坝高度放出子坝坝基的轮廓线。筑成的子坝应轮廓清楚、坡面平整、坝顶标高一致。

（3）对岸坡进行清基处理。应将草皮、树根、废石、废管件、管墩、坟墓及所有危及坝体安全的杂物全部清除。若遇有泉眼、水井、洞穴等，应进行妥善处理，做好隐蔽工程记录，经主管技术人员检验合格后，方可充填筑坝。

（4）尾矿堆坝的稳定性取决于沉积尾砂的粒径粗细和密实程度。因此，必须从坝前排放尾矿，以使粗粒尾矿沉积于坝前，并应夯实或碾压子坝，使其密实。

（5）浸润线的高低也是影响尾矿堆坝稳定性的重要因素。坝前沉积的大片矿泥会抬高坝体内的浸润线。因此，在放矿过程中，应尽量避免大量矿泥分布于坝前。

5.5.5.2 *尾矿排放的操作管理要求*

尾矿排放的操作管理要求如下。

（1）放矿时应有专人管理，做到勤巡视、勤检查、勤记录和勤汇报，不得离岗。

（2）在排放尾矿时，应根据排放的尾矿量，开启足够的放矿支管，使尾矿均匀沉积。

（3）经常调整放矿地点，使滩面沿着平行坝轴线方向均匀整齐，应避免出现侧坡、扇形坡等起伏不平现象，以确保库区所有堆坝区的滩面均匀上升。

（4）严禁独头放矿。因独头放矿会造成坝前尾矿沉积粗细不均、细粒尾矿在坝前大量集中，对坝体稳定不利。

（5）严禁出现矿浆冲刷子坝内坡的现象。

（6）除一次建坝的尾矿库外，严禁在非堆坝区放矿。因为它既对坝体稳定不利，又减少了必要的调洪库容。

（7）对于有副坝且需在副坝上进行尾矿堆坝的尾矿库，应于适当时机提前在副坝上放矿，为后期堆坝创造有利的坝基条件。

（8）放矿主管道一旦出现漏矿，极易冲毁坝体。发现此情况，应立即汇报给车间调度，停止运行，及时处理。特别在沉积滩顶接近坝顶又未堆筑子坝时，矿浆漫顶事故经常发生，在此期间放矿尤须勤巡查、勤调换放矿点，谨防矿浆漫顶。

（9）对于备用管道，应将其中的矿浆放尽，以免在冬季剩余矿浆冻裂管道。

（10）多开启几个调节阀门可减小矿浆在支管内的过流速度，从而减小磨损；阀门的开启和关闭应快速制动，且应开启到位或完全关闭。严禁半开半闭，这样也可减少磨损。

（11）阀门在我国北方地区严寒的环境下极易冻裂，因此，在冬季应采取措施予以保护。一般情况下可采用草绳或麻绳多层缠绕，或用电热带缠绕保温，也可根据当地的最大冻层厚度，采取用尾砂覆盖阀门、阀体等措施加以保护。

（12）尾矿排放是露天作业，受自然因素影响很大。在强风天气放矿时，应尽量在顺风的排放点排放。若流径短，矿浆在沉淀区域的澄清时间缩短，回水水质降低。如果逆风放矿，矿浆被强风卷起冲刷子坝内坡，同时使输送尾矿管道悬空，可能产生意外事故。

（13）放矿支管的支架变形或折断，会造成放矿支管、调节阀门、三通和放矿主管之间漏矿，从而冲刷坝体。因此，如支架松动、悬空或折断，应及时处理修复。

（14）在冰冻期一般采用库内冰下集中放矿，以免在尾矿沉积滩内（特别是边棱体）有冰夹层或尾矿冰冻层存在而影响坝体强度。

5.5.5.3 *尾矿库排洪设施的操作管理要求*

尾矿库排洪设施的操作管理要求如下。

（1）应定期检查排洪构筑物，确保畅通无阻。特别是有截洪沟的尾矿库，汛期之前，必须将沟内杂物清除干净，并对薄弱沟段进行加固处理。

（2）尾矿坝下游坡面上的排水沟除了要经常疏通外，还要将坝面积水坑填平，让雨水顺利流入排水沟。

（3）应随时收集气象预报信息，了解汛期水情。

（4）应准备好必要的抢险、交通、通信供电和照明器材和设备，及时维修上坝公路，以便防洪抢险。

（5）汛前应加强值班和巡逻，设警报信号，并组织好抢险队伍，与地方政府有关部门一起制订下游居民撤离险区方案及实施方法。

（6）洪水过后，应对坝体和排洪构筑物进行全面认真的检查和清理。若发现有隐患应及时消除，以防暴雨接踵而至。

5.6　尾矿库回水

5.6.1　尾矿库回水设施的操作维护

尾矿库回水设施是补充选矿厂正常生产用水的重要设施，同时也是防止尾矿水污染环境的有效措施。因此，必须做好下列经常性的维修工作，以保证其正常运行：

（1）严冬季节应对回水管采取防冻保护措施。

（2）冬季运行时，须采取措施防止取水设施周围结冰，影响正常取水。

（3）坝下回水泵站的机电设备须由专人值班管理，确保正常运行。

5.6.2　回水水质的控制

回水水质的控制要求包括：

（1）回水水质应能满足选矿厂循环使用的最低要求。

（2）改善回水水质的最简单方法是抬高尾矿库水位，延长澄清距离；但这往往与确保安全干滩长度发生矛盾。遇到这种情况，生产管理应依据“生产必须服从安全”的原则，慎重对待处理。

回水水质的控制要点如下。

（1）正常情况下，生产管理应按设计规定的最小澄清距离控制水位。这样，既能确保干滩长度满足安全要求，又能加速沉积尾矿的固结。

（2）当生产实践表明设计规定的最小澄清距离偏小，回水水质确实难以满足使用要求，而干滩长度又有余地时，可经主管领导批准，通过抬高尾矿库水位以延长澄清距离来改善水质。

（3）当回水水质比较差、库内的干滩长度又没有余地、采用其他方法费用较高时，可在非雨季通过适当延长澄清距离来改善水质。雨季来临时提前降低尾矿库水位，恢复防洪所需的干滩长度。但这也必须经过安全技术论证取得设计部门同意，并经环保主管部门领导批准才能实施。

（4）当回水水质很差、干滩长度又十分紧张时，不可单纯为了改善水质而抬高尾矿库水位。在这种情况下，必须寻求其他净化方案，如通过采取另建沉淀池或施加药剂等措施来解决。

5.7　尾矿库安全管理技术要点

5.7.1　尾矿库安全运行控制参数

尾矿库安全运行控制参数包括：

（1）尾矿库设计最终堆积高程、最终坝体高度、总库容；（2）尾矿坝堆积坡比；(3) 尾矿坝不同堆积标高时，库内控制的正常水位、调洪高度、安全超高、防洪高度、沉积滩坡度及最小干滩长度等；(4) 尾矿坝不同堆积标高时的控制浸润线；(5) 上游法尾矿流量、粒径、浓度；(6) 干式堆存尾矿压滤后的尾矿含水率、排放厚度、压实指标；(7) 中线式和下游式尾矿库沉砂的控制粒径、产率和含水量；(8) 一次性筑坝的控制参数有坝高、坝顶宽度、坡比、调洪高度、安全超高、放矿要求等。

5.7.2 安全生产管理

安全生产管理要求：

(1) 建立健全尾矿库安全生产责任制，建立安全生产规章制度和安全技术操作规程，对尾矿库实施有效的安全管理。

(2) 保证尾矿库具备安全生产条件所必需的资金投入，建立相应的安全管理机构和配备相应的安全技术管理人员。

(3) 主要负责人和安全技术管理人员应当依照有关规定进行培训。直接从事尾矿库放矿、筑坝、巡坝、排洪和排渗设施操作的作业人员必须取得特种作业操作证书，方可上岗作业。

(4) 编制尾矿库年度、季度作业计划和详细运行图表，严格按照作业计划生产运行，做好记录并长期保存。

(5) 建立健全尾矿库安全生产事故隐患排查治理制度，及时发现并消除事故隐患。事故隐患排查治理情况应当如实记录，并向从业人员通报。

(6) 制订尾矿库安全使用规划，提出新建、改建、扩建、勘察、稳定性验证或闭库的计划。上游建有尾矿库、渣库、排土场或水库等工程设施的尾矿库，应了解上游所建工程的稳定情况，必要时应采取防范措施。

(7) 尾矿库应当每三年进行一次安全现状评价。尾矿库安全现状评价工作应当由能够进行尾矿坝稳定性验算、尾矿库水文计算、构筑物计算的专业技术人员参加。安全现状评价还应进行尾矿库在下个评价周期间的坝体稳定性和排洪系统的安全分析。

(8) 尾矿库出现下列重大险情之一的，生产经营单位应启动应急预案：1) 坝体出现严重的管涌、流土等现象的；2) 坝体出现严重裂缝、坍塌和滑动迹象的；3) 尾矿库内水位超过限制的最高洪水位的；4) 使用过程中出现排水井倒塌或者排水管（洞）坍塌堵塞的；5) 其他危及尾矿库安全的重大险情。

(9) 生产经营单位应当在尾矿库内设置明显的安全警示标志。

5.7.2.1 *尾矿排放与筑坝*

尾矿排放与筑坝要求：

(1) 尾矿排放与筑坝包括岸坡清理、尾矿排放、坝体堆筑、坝面维护、防排渗设施施工和质量检测等环节，必须按照设计要求和作业计划进行，并作好记录。

（2）一次建坝的尾矿库，应按设计要求排放尾矿，堆积高程不得超过设计标高。

（3）采用上游式湿法堆存的尾矿坝，应按照设计要求进行尾矿排放，并符合下列规定：1）滩顶高程必须满足生产、防汛、冬季放矿和回水要求；2）尾矿坝堆积坡比不得陡于设计要求；3）应在坝前分散排放，维持坝体均匀上升；4）坝顶及沉积滩面应均匀平整，沉积滩长度及滩顶最低高程必须满足防洪设计要求；5）尾矿堆积坝下游浸润线埋深必须满足设计控制浸润线要求；6）矿浆排放不得冲刷初期坝或子坝，严禁矿浆沿子坝内坡趾流动冲刷坝体。

（4）冰冻期、事故期或某种特殊原因确需长期集中放矿时，须请设计单位进行安全论证，不得出现影响后续堆积坝体稳定的不利因素。

（5）中线式及下游式尾矿坝堆筑应在运行期间做好粗尾矿堆坝量与库内堆存量之间的砂量平衡工作。

（6）采用旋流器底流尾矿直接充填筑坝时，底流矿浆浓度应大于未分选浓度。

（7）干式堆存排放时应自下而上分层压实，并设置台阶。

（8）对生产运行中的尾矿库，未经技术论证和相关部门的批准，任何单位和个人不得对下列事项进行变更：1）入库尾矿量；2）尾矿物化特性；3）筑坝方式；4）尾矿排放方式；5）坝型、坝外坡坡比、最终堆积标高和最终坝轴线的位置；6）尾矿堆存的上升速度；7）坝体防渗、排渗及反滤层的设置；8）排洪系统的型式、布置及尺寸；9）设计以外的尾矿、废料或者废水进入尾矿库等。

5.7.2.2　*尾矿库水位控制与防洪*

尾矿库水位控制与防洪要求：

（1）湿式堆存尾矿，控制尾矿库内水位应遵循以下原则：1）库内水位控制应满足设计要求；2）当回水影响尾矿库安全时，必须优先确保尾矿库安全，尽量降低尾矿库内水位；3）当尾矿库放矿方式、沉积滩坡度及排洪方式等与设计不符时，应进行调洪演算，保证在最高洪水位时各项参数满足设计要求。

（2）干式堆存尾矿库最终堆积高度超过60m时，应设置中间截洪沟。

（3）库内应设清晰醒目的水位观测标尺。汛期应加强对排洪设施进行检查，确保防洪高度及排洪设施畅通。

（4）岩溶或裂隙发育地区的尾矿库，应控制库内水深，防止渗漏。

（5）非紧急情况，未经技术论证，不得用子坝挡水。

（6）洪水过后应对坝体和排洪构筑物进行全面检查，发现问题及时处理。

（7）尾矿库排洪构筑物停用后，必须严格按设计要求及时封堵，并确保施工质量。

5.7.2.3 渗流控制

渗流控制要求：

（1）在尾矿库运行过程中，坝体浸润线应低于控制浸润线。如坝体浸润线超过控制浸润线，应增设或更新排渗设施。

（2）尾矿库运行期间应加强浸润线观测，注意坝体浸润线埋深及其出溢点的变化情况和分布状态，必须按设计要求控制。

5.7.2.4 尾矿库安全监控

尾矿库安全监控要求：

（1）按照设计要求定期进行各项监测。

（2）按设计要求做好在线监测和人工监测。

（3）在线监测应与人工监测结合布置，相互校核。

（4）监测数据应及时整理，如有异常，应及时分析原因，采取对策措施。

5.7.2.5 库区及周边环境

库区及周边环境相关要求：

（1）与尾矿库产生相互安全影响的区域不宜建设重要的生产、生活区等设施。

（2）禁止在尾矿坝上和对尾矿库安全产生影响的区域进行乱采、滥挖和非法爆破等。

5.7.2.6 应急救援

应急救援方面的要求：

（1）生产经营单位必须根据可能发生的垮坝、漫顶、排洪设施损毁等生产安全事故和影响尾矿库运行的洪水、泥石流、山体滑坡、地震等重大险情制定并及时修订应急救援预案。

（2）应急救援预案内容主要包括：1）事故风险分析；2）应急指挥机构及职责；3）处置程序；4）处置措施。

（3）应急处置应包括以下内容：1）事故应急处置程序。根据可能发生的事故及现场情况，明确事故报警、各项应急措施启动、应急救援人员的引导、事故扩大及与生产经营单位应急预案衔接的程序；2）现场应急处置措施。针对可能发生的垮坝、泄漏、洪水漫顶、排洪设施损毁、排洪系统堵塞、坝坡深层滑动等，从人员救护、工艺操作、事故控制、现场恢复等方面制定明确的应急处置措施；3）明确报警负责人及报警电话及上级管理部门、相关应急救援单位联络方式和联系人员，事故报告基本要求和内容。

5.7.3 尾矿库安全检查

5.7.3.1 尾矿坝安全检查

尾矿坝安全检查包括以下几方面。

（1）尾矿坝安全检查内容主要包括：坝的轮廓尺寸、变形、裂缝、滑坡和渗漏、坝面保护等。

（2）检测坝的外坡坡比。

（3）检查坝体位移。

（4）检查坝体有无纵、横向裂缝。

（5）检查坝体滑坡。

（6）检查坝体浸润线的位置是否满足控制浸润线的要求。

（7）检查坝体排渗设施。

（8）检查坝体渗漏。

（9）检查坝面保护设施。

5.7.3.2　防洪安全检查

防洪安全检查包括以下几方面内容。

（1）尾矿库水位检测。

（2）尾矿库滩顶高程的检测。

（3）尾矿库干滩长度的测定。

（4）检查尾矿库沉积滩干滩的平均坡度。

（5）根据尾矿库实际地形、水位和尾矿沉积滩面，检查尾矿库防洪高度是否满足设计要求，若不满足需对尾矿库防洪能力进行复核。

（6）排洪构筑物安全检查内容主要包括：构筑物有无变形、位移、损毁、淤堵，排水能力是否满足要求。

（7）排洪构筑物检查每年不得少于3次，并做好记录。汛期前后应重点进行检查。

（8）排洪构筑物检查应有影像资料。

（9）对检查结果进行整理、分析和处置，并对检查后的资料进行归档。

5.7.3.3　放矿检查

放矿检查包括以下几方面内容。

（1）检查尾矿库放矿及筑坝方式是否符合设计要求。

（2）检查寒冷地区尾矿库冬季是否具备运行条件。

5.7.3.4　库区安全检查

库区安全检查包括以下几方面内容。

（1）尾矿库库区安全检查内容主要包括：周边山体稳定性，违章建筑、违章施工和违章采选作业等情况。

（2）检查周边山体滑坡、塌方和泥石流等情况时，应详细观察周边山体有无异常和急变，并根据工程地质勘查报告，分析周边山体发生滑坡的可能性。

（3）检查库区范围内危及尾矿库安全的主要内容：违章爆破、采石和建筑，违章进行尾矿回采、取水，外来尾矿、废石、废水和废弃物排入，放牧和开垦等。

5.7.3.5 监测系统安全检查

监测系统安全检查包括以下几方面内容。

(1) 检查尾矿坝监测系统的布置、监测内容与监测要求是否满足设计要求。

(2) 检查尾矿库监测设施是否按要求设置，是否有损坏，是否运行正常等。

(3) 定期检查和维护监测设备，检查其可靠性和完整性。

5.7.3.6 其他设施安全检查

其他设施安全检查要求如下。

(1) 其他安全设施检查内容主要包括：照明设施、管理房、通信设备、应急救援物资、安全警示标识和库区道路等。

(2) 检查尾矿坝照明设施是否满足夜间安全生产使用要求，照明线路、设备及其布置是否符合安全规范要求。

(3) 检查尾矿库管理房位置、规格，值班和安全检查记录情况，通信设施是否畅通等。

(4) 检查应急救援物资配备情况。

(5) 检查库区道路是否畅通等。

5.7.3.7 检查结果处理与检查记录

检查结果处理与检查记录内容如下。

(1) 检查尾矿库安全检查记录内容是否全面、规范。

(2) 检查是否已对安全检查结果进行认真的分析、研究、处理和总结。

(3) 检查是否已将检查记录、整改资料和现状实测图纸等定期归档。

6 选矿生产实例

6.1 锡铁山铅锌选矿

西部矿业股份有限公司锡铁山分公司位于青海省海西州大柴旦行委锡铁山镇，是国内最大的独立铅锌采选联合生产企业。锡铁山分公司矿业开发历史悠久，可以追溯至清雍正三年，1988 年出矿 100 万吨/年的矿山正式投产。近年来，锡铁山分公司响应国家节能减排号召，积极进行选矿工艺流程的优化与改进，以提高生产效率，降低选矿成本。2017 年完成了选矿系统的升级改造，将原来的 4 个系列升级为一个系列，选矿工艺和设备实现了智能化。目前，锡铁山铅锌选厂生产规模为 150 万吨/年。碎磨流程采用“一段粗碎 + 半自磨 + 球磨”流程，即“SAB”流程，浮选工艺采用“铅优先浮选 锌硫混合浮选—锌硫分离”流程，如图 6-1 所示。主产品为铅、锌精矿，副产品为金、银、硫，铅回收率 + 锌回收率在 188.3% 以上，铅锌回收率处于国内领先水平。

原矿经碎矿给入半自磨作业后产生大量的“难磨粒子”，多为围岩或脉石，但也含有部分有用矿物，这些顽石全部进入后续浮选系统中，造成入选矿石品位低、选矿成本增加、尾矿含砂量大等一系列问题。虽然铅锌回收率处于国内领先水平，但伴生贵金属的回收还有提升的空间。为了进一步挖潜增效、节能降耗，提升资源综合利用率，开展了铅、金、银高效捕收剂的应用研究和半自磨顽石预先抛废技术研究及应用。

6.1.1 铅、金、银高效捕收剂的应用研究

开发了铅、金、银高效捕收剂 A11，通过工业应用，2022 年铅、金、银回收率分别为 92.77%、38.76%、78.94%，较 2021 年铅、金、银回收率 92.72%、34.29%、78.80%，分别提高 0.05 个百分点、4.47 个百分点、0.14 个百分点，年创效金额 779 万元，工艺流程如图 6-2 所示。创新点捕收剂 A11 是提高金银回收率的关键，与 25 号黑药联合使用，可强化回收金、银矿物，与单用 25 号黑药相比，能够适应现场矿石性质多变这一特点，适应性强，指标稳定。

6.1.2 半自磨顽石预先抛废技术研究及应用

通过工业试验可获得抛废率为 40%、铅 + 锌平均品位为 0.24% 的抛废

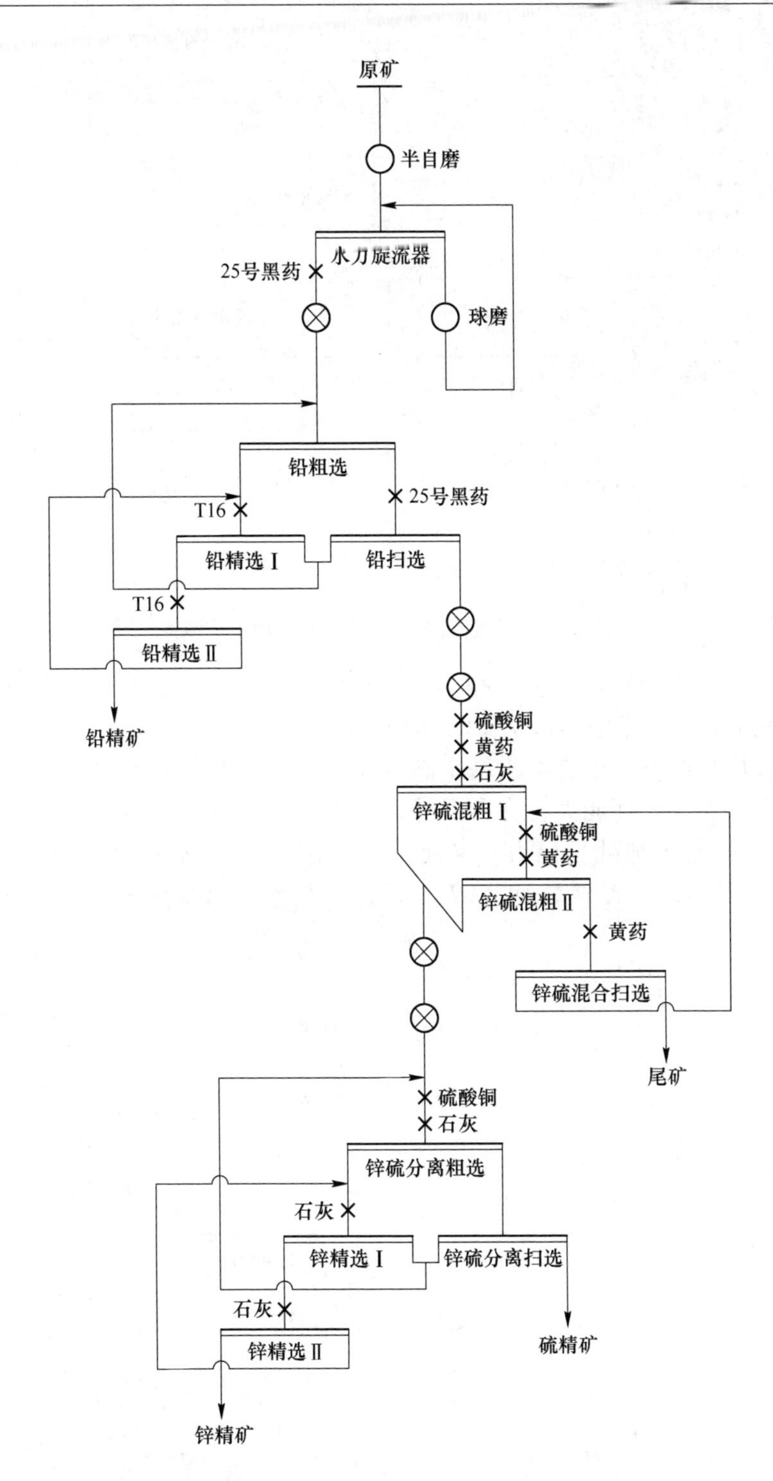

图 6-1 锡铁山铅锌选矿工艺流程

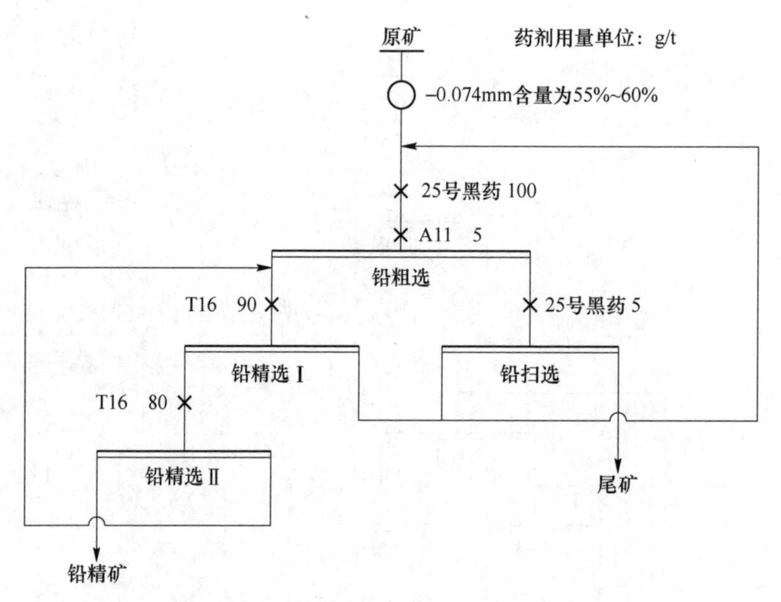

图 6-2　铅金银辅助捕收剂工业应用工艺流程

尾矿。半自磨机处理量为 189t/h（150 万吨/年），产生顽石 22.68t/h，顽石预先抛废后，产生精矿 13.61t/h、废石 9.07t/h。目前，顽石开路运行未返回半自磨机，此时，半自磨机基本满负荷运行，球磨负荷为 75%。若精矿返回半自磨机，其处理能力将有所下降，精矿破碎后返回至球磨，球磨负荷为 77.16%，既能增加处理能力，又能节省磨矿、浮选成本，每年可增加产值 10345.63 万元，节省成本 492.97 万元，工艺流程如图 6-3 所示。该项目的

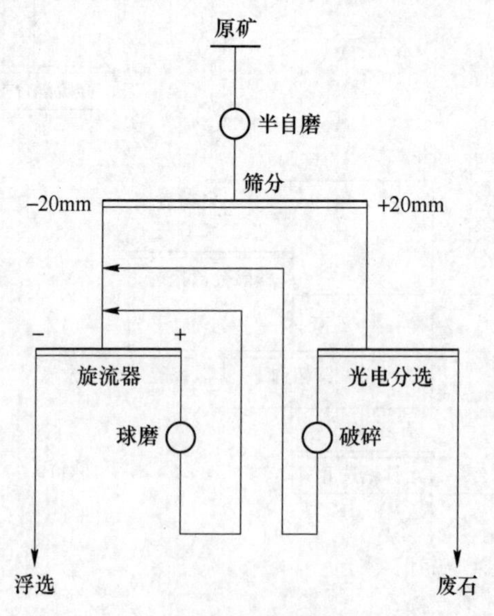

图 6-3　半自磨顽石预先抛废工艺流程

实施既能充分回收有用矿物，又能有效减少“难磨粒子”返回量，可提高半自磨机处理能力和入选矿石品位，节约磨矿、浮选生产成本，减少入库尾砂量，延长尾矿库服务年限，同时“难磨粒子”还可以作为路基材料使用，增加企业经济效益和环境效益。

6.2 玉龙铜钼选矿

西藏玉龙铜业股份有限公司位于西藏自治区昌都市江达县。玉龙铜矿是一个特大型斑岩和接触交代混合型铜矿床，矿区海拔 4560 ~ 5118m，矿权范围内总资源量为 9.27 亿吨矿石量，铜金属量为 607 万吨，钼金属量为 36 万吨。现有一选厂、二选厂、三选厂三座选矿厂，其中一、二选厂正在进行工艺技术提升改造，一期处理能力为 450 万吨/年，总体规划为 900 万吨/年；三选厂处理规模为 1800 万吨/年。

三选厂碎磨工艺采用“一段粗碎 + 半自磨 + 球磨”流程，浮选工艺采用“铜钼混合浮选—铜钼分离”流程，工艺流程如图 6-4 所示。主要产品为铜精矿、钼精矿，副产品为银。自 2020 年 11 月 18 日投料试车以来，针对现场不断出现的问题，及时优化整改，设备安装得到改造，磨矿浓度、磨矿细度和浮选药剂制度得到优化，改善了选矿现场操作条件，选矿指标不断提高。

随着尾矿库回水的不断循环，自 2021 年第四季度开始，现场气温变低，回水恶性循环，现场铜钼指标急剧下降。同时三选厂铜钼混选采用高碱工艺，矿浆 pH > 12，高碱矿浆环境中游离氧化钙易吸附在辉钼矿表面，导致辉钼矿表面亲水，钼矿物受抑制后可浮性变差，伴生贵金属金银也受到一定抑制。针对以上问题，开展了三选厂铜钼指标提高技术研究和三选厂浮选工艺优化研究。

6.2.1 三选厂铜钼指标提高技术研究

针对现场存在问题，采取的提高铜钼选别指标的措施有：一是采用回水分段回用，将铜钼分离作业浓密机溢流水排入一期玉龙沟尾矿库，与湿法系统 CCD5 底流（pH < 2）混合，以节省石灰成本；二是在高碱及低温条件下，采用丁黄药作辅助捕收剂，降低石灰用量；三是通过试验确定了最佳矿浆 pH 值、磨矿浓度、磨矿细度、药剂制度等工艺参数；四是通过分析研究制定了现场工艺操作规程，解决了冬季浮选指标差的问题。2022 年铜、钼回收率分别较 2021 年提高了 1.43 个百分点和 5.17 个百分点。

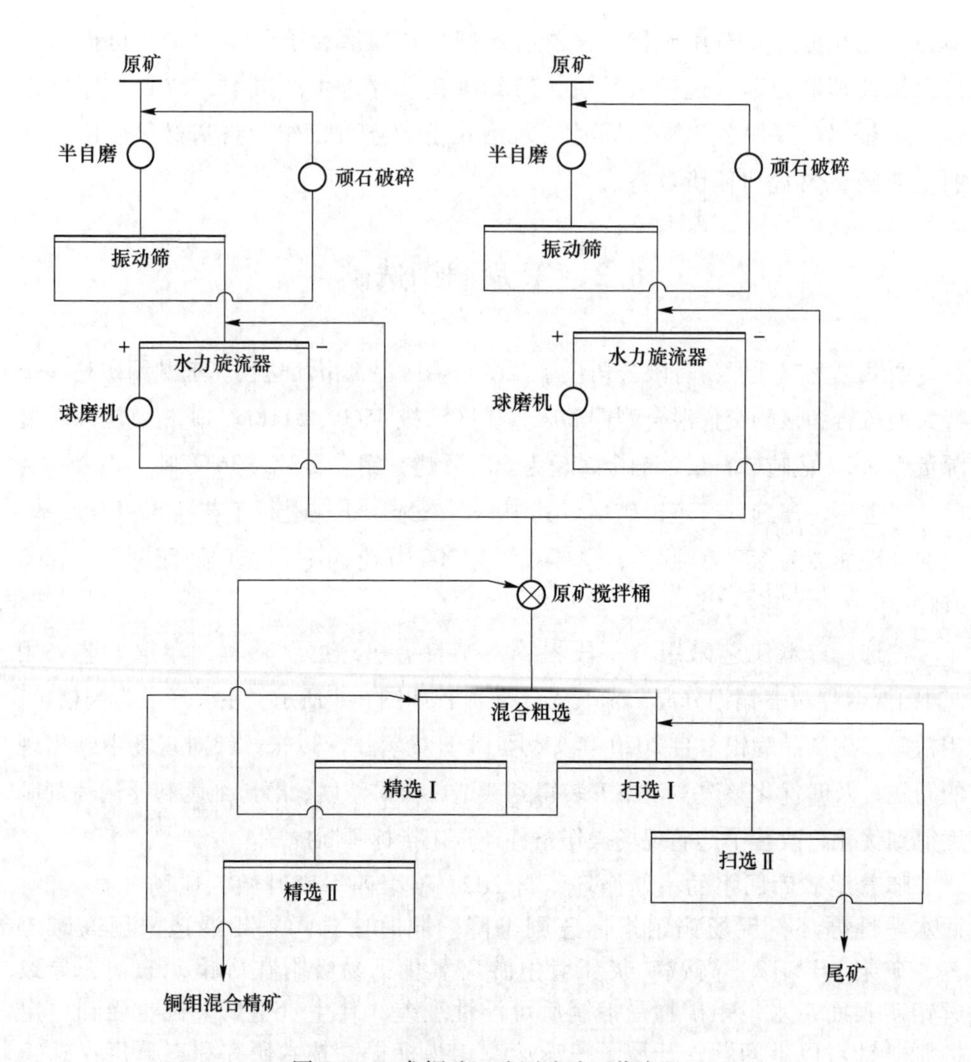

图6-4　玉龙铜矿三选厂选矿工艺流程

6.2.2　三选厂浮选工艺流程优化研究

通过工艺优化试验，在原浮选工艺流程的基础上增加了快选，使部分易于浮选的铜钼矿物（及金银）在低碱条件下快速浮选，然后在适宜的矿浆 pH 值下强化回收剩余的铜钼矿物，可有效提高铜钼作业回收率。快选工艺闭路试验在原矿铜钼品位分别为 0.81% 和 0.03% 时，获得了铜钼精矿品位分别为 21.35% 和 47.187%、回收率分别为 88.39% 和 71.50% 的良好分选指标。优化后的三选厂浮选工艺流程如图 6-5 所示，实际生产中铜钼回收率取得了新的突破。

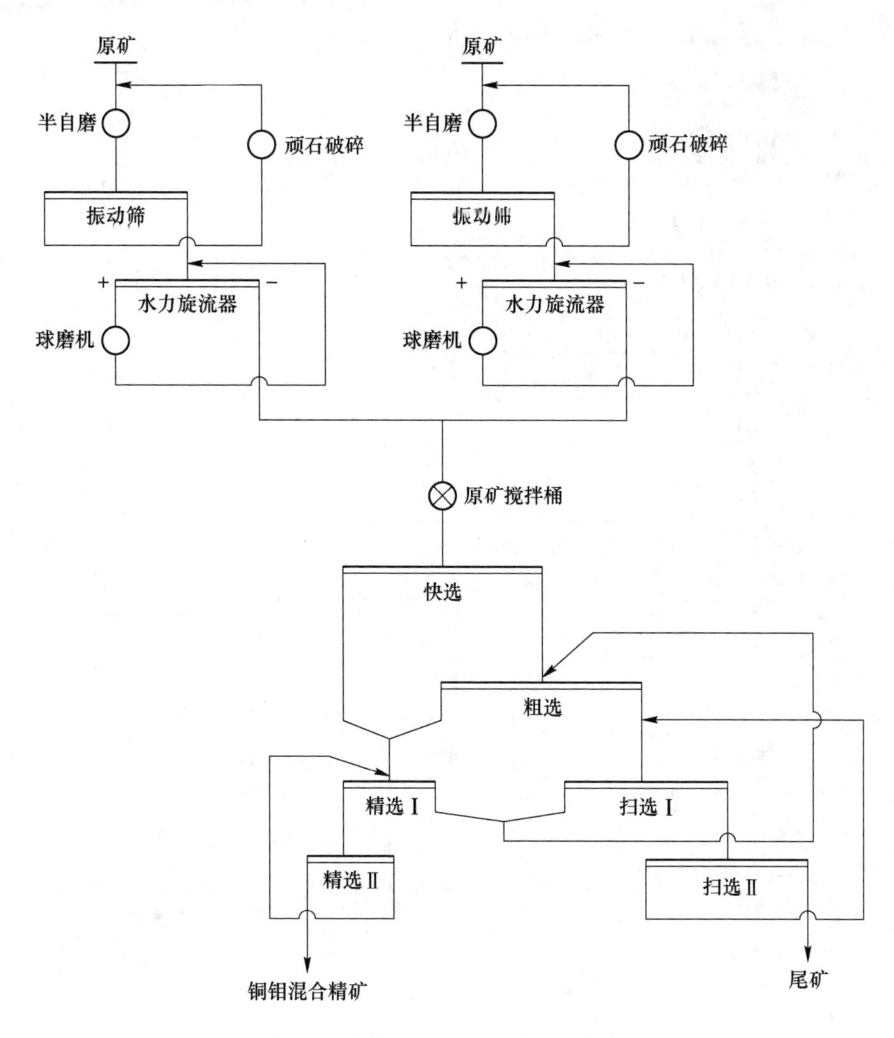

图 6-5 优化后的三选厂浮选工艺流程

6.3 西部铜业铜选矿及铅锌选矿

巴彦淖尔西部铜业有限公司位于内蒙古自治区巴彦淖尔市乌拉特后旗境内，是以铜、铅、锌、铁等有色、黑色金属资源开发为主的多金属采选企业。现有铜选厂和铅锌选厂两座选矿厂，生产规模为250万吨/年，其中铜选厂160万吨/年，铅锌选厂90万吨/年。铜选矿工艺为“一次粗选、三次精选、两次扫选”，铅锌选矿工艺为“优先选铅—铅中矿再磨—选铅尾矿再选锌—锌粗精矿再磨再选”。铜选矿工艺流程如图6-6所示，铅锌选矿工艺流程如图6-7所示。

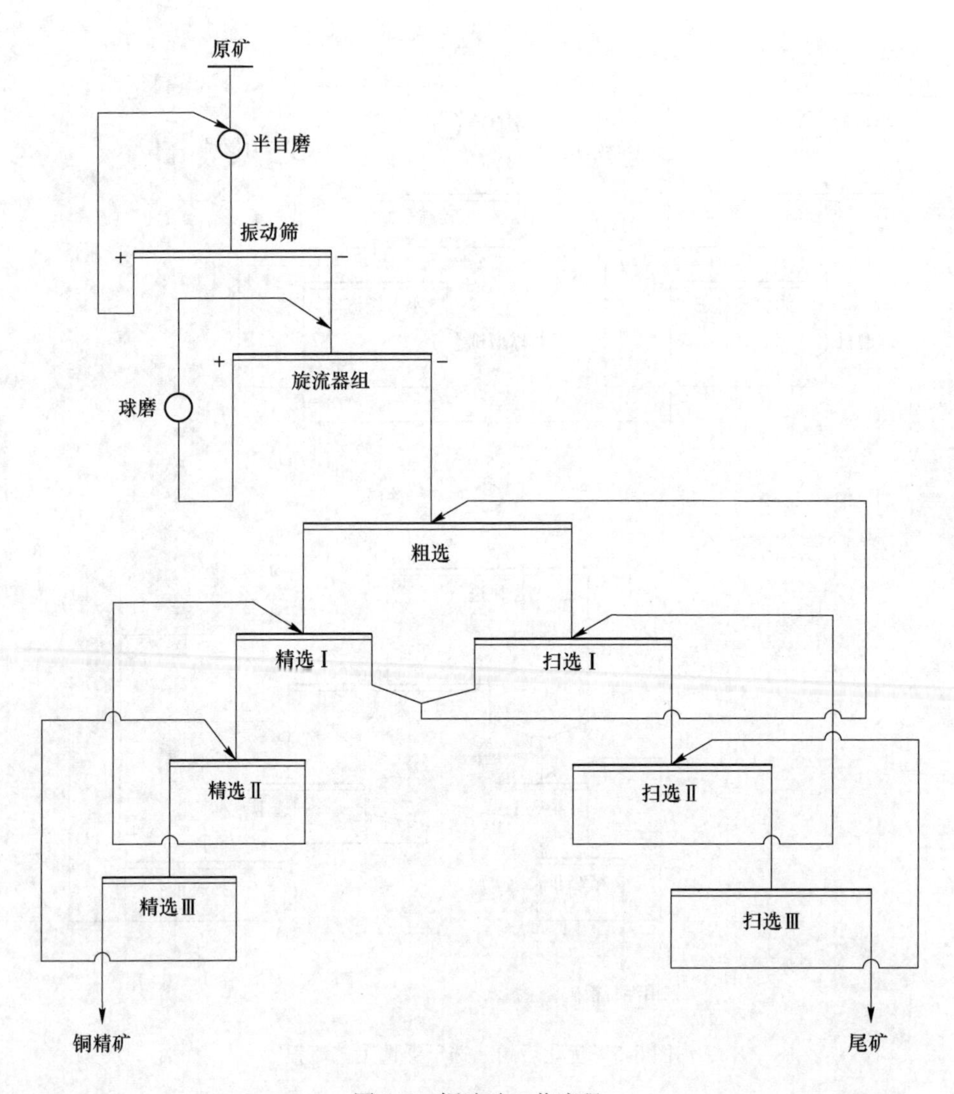

图 6-6　铜选矿工艺流程

铜选厂技术指标处于国内领先水平，为了进一步提高产品价值，对铜选矿工艺参数进行了优化，确定了最佳工艺参数，原工艺在原矿铜品位为 1.01% 的条件下，可以获得铜品位为 20.15%、铜回收率为 94.32% 的铜精矿指标。新工艺在原工艺的基础上，着重研究了如何提高铜精矿品位及铜回收率的工艺流程方案及药剂制度。新工艺采用铜粗精矿再磨工艺和新型高效铜捕收剂等，在原矿铜品位为 1.04% 的条件下，可以获得铜品位为 24.25%、铜回收率为 95.24% 的铜精矿指标。现场通过增加铜粗精矿再磨工艺，可以使铜精矿品位稳定在 22.00% 以上。

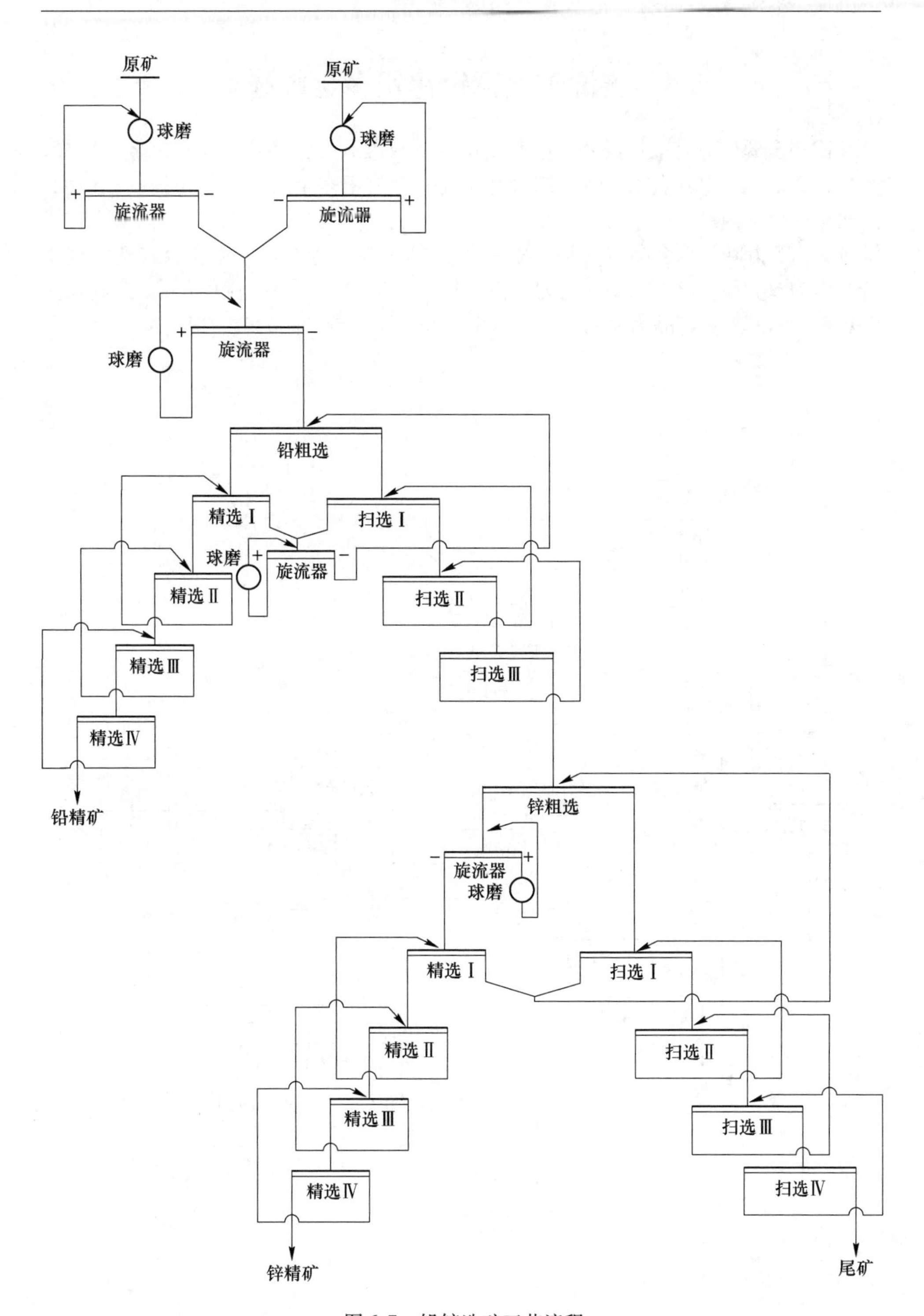

图 6-7　铅锌选矿工艺流程

6.4　鑫源矿业铜铅锌银多金属选矿

四川鑫源矿业有限责任公司位于四川省甘孜藏族自治州，是集有色金属勘探、采矿、选矿、水电开发于一体的综合性企业。呷村银多金属矿是公司的基础矿山，公司矿权范围内矿石储量为781万吨。拥有的有热银矿前景可期，现已探获铅锌资源量为525万吨，综合品位（铜+铅+锌）10.19%。鑫源矿业银多金属选厂现生产规模为60万吨/年，选矿工艺为“铜、铅、锌依次优先浮选流程”，工艺流程如图6-8所示。主要产品为铜精矿、铅精矿、锌精矿，副产品为金、银。

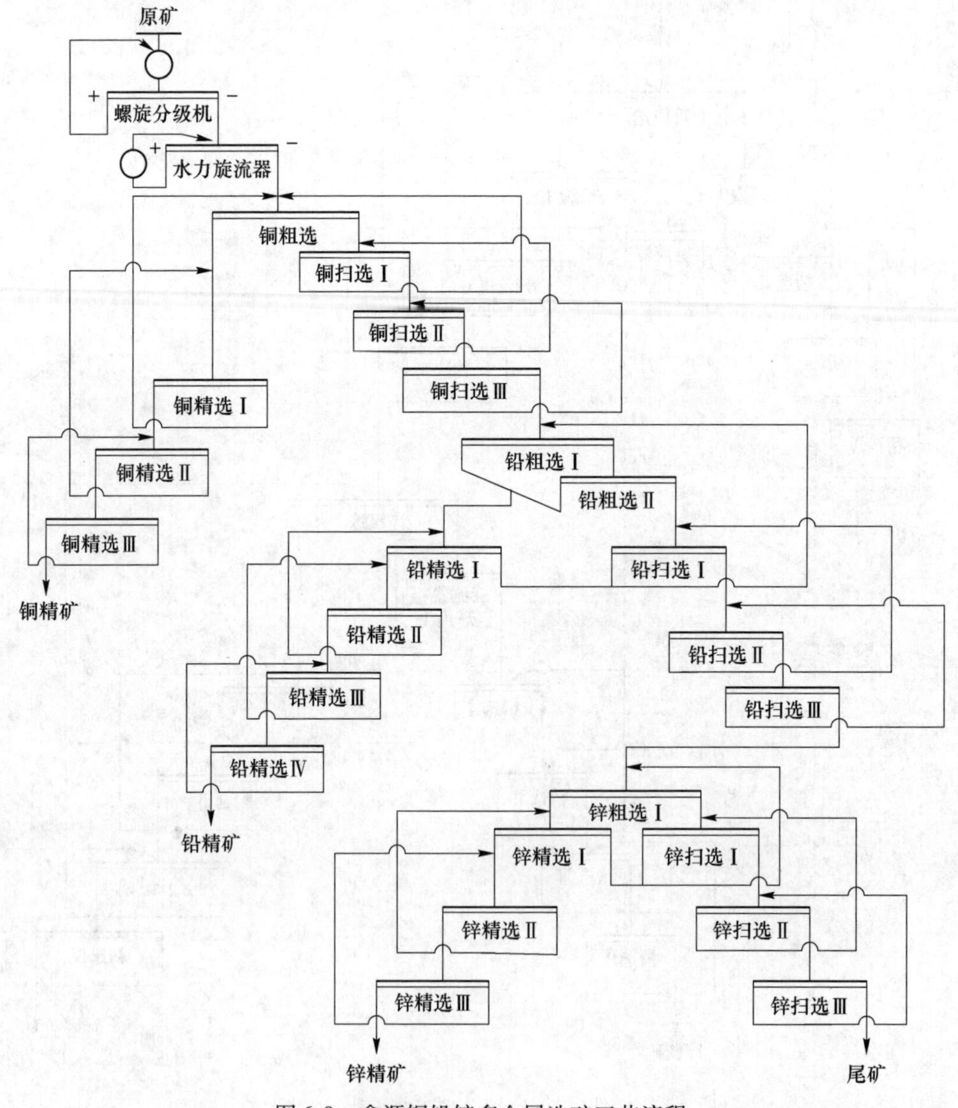

图6-8　鑫源铜铅锌多金属选矿工艺流程

现场铜铅浮选在低碱体系下进行，选铅尾矿再选锌，采用石灰作矿浆 pH 值调整剂、硫酸铜作活化剂、丁基黄药作锌矿物捕收剂，采用石灰高碱工艺进行锌矿物回收，回收效果较好，但会出现管道及设备钙化结垢、回水 pH 值偏高等问题，高 pH 值回水不利于伴生金银等贵金属的综合回收，对地处偏远且位于金沙江支流旁的鑫源矿业而言，存在环保、运行成本等方面的压力。

为响应国家“绿色矿山”“节能减排”“碳中和”等政策要求、以实际行动落实集团公司“降本增效”的措施、体现集团公司的环保责任意识、树立公司良好的品牌形象、提升公司品牌价值，开展了无石灰低碱选锌工艺的研究与应用，并在应用成功后将其推广至锡铁山、西部铜业、大梁矿业等公司。采用无石灰低碱选锌工艺进行实验室闭路试验可获得锌品位 55.25%、铜品位 0.19%、铅品位 1.91%、锌回收率 83.72% 的锌精矿指标，锌品位、锌回收率分别比现场工艺高 3.71 个百分点、0.75 个百分点，药剂成本吨矿比现场低 3.78 元。

6.5　大梁矿业铅锌选矿

四川会东大梁矿业有限公司位于四川省凉山彝族自治州会东县境内，拥有一座 66 万吨/年铅锌选矿厂。矿石碎磨工艺采用半自磨 + 球磨 + 顽石破碎（SABC）流程，浮选工艺为“铅锌依次优先”浮选流程，工艺流程如图 6-9 所示。主要产品为铅精矿、锌精矿，副产品为银。

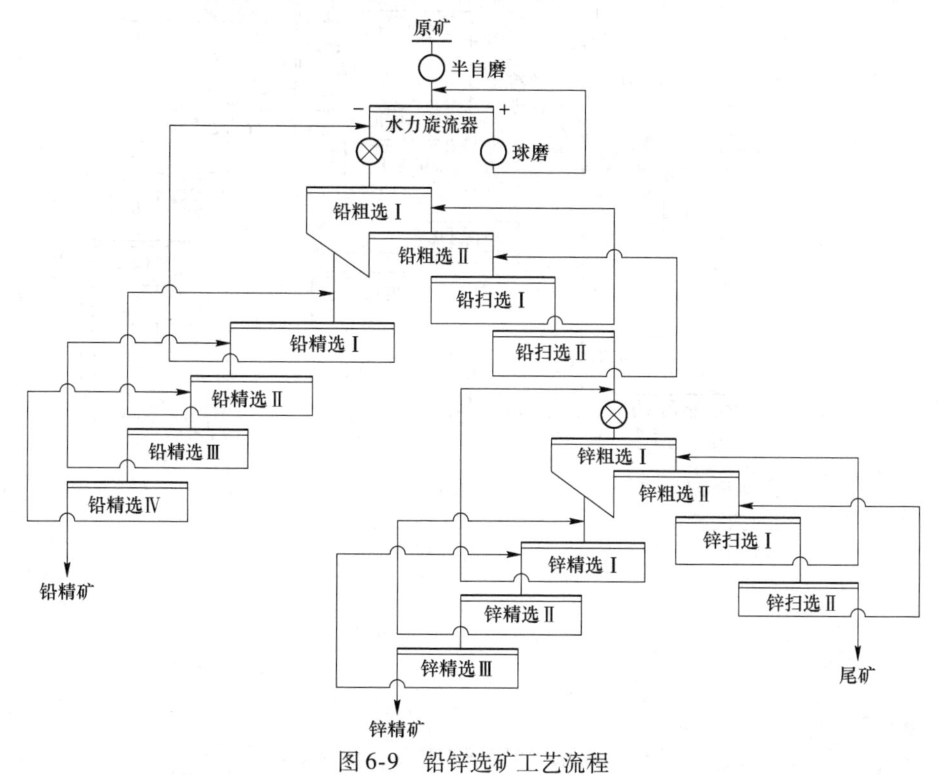

图 6-9　铅锌选矿工艺流程

近年来，原矿性质变化较大，原矿品位降低、氧化率升高，随着铅浮选时间的增加，铅精矿含锌越来越高，造成铅浮选作业环境恶化，影响铅精矿质量及锌金属回收率，而且会消耗大量浮选药剂，增加选矿成本。为提高选别指标，改善铅浮选作业环境，降低铅精矿含锌量，将原工艺“两粗两扫四精”铅浮选流程，优化为“一粗两扫四精”铅浮选流程，浮选机装机容量减少74kW。

6.6　瑞伦矿业铜镍选矿

新疆瑞伦矿业有限责任公司位于新疆维吾尔自治区哈密地区，以哈密黄山南铜镍矿项目开发为主。黄山南铜镍矿目前探明的是一个铜镍多金属复合硫化矿床，除铜、镍外，还含有钴、金、银等多种有用元素。目前，新疆瑞伦铜镍选厂生产规模为66万吨/年。破碎工艺流程为三段两闭路流程，磨矿工艺为一段闭路磨矿，浮选工艺采用“铜镍混浮—铜镍分离”流程，如图6-10所示。主产品为镍精矿、铜精矿，副产品为钴、金。

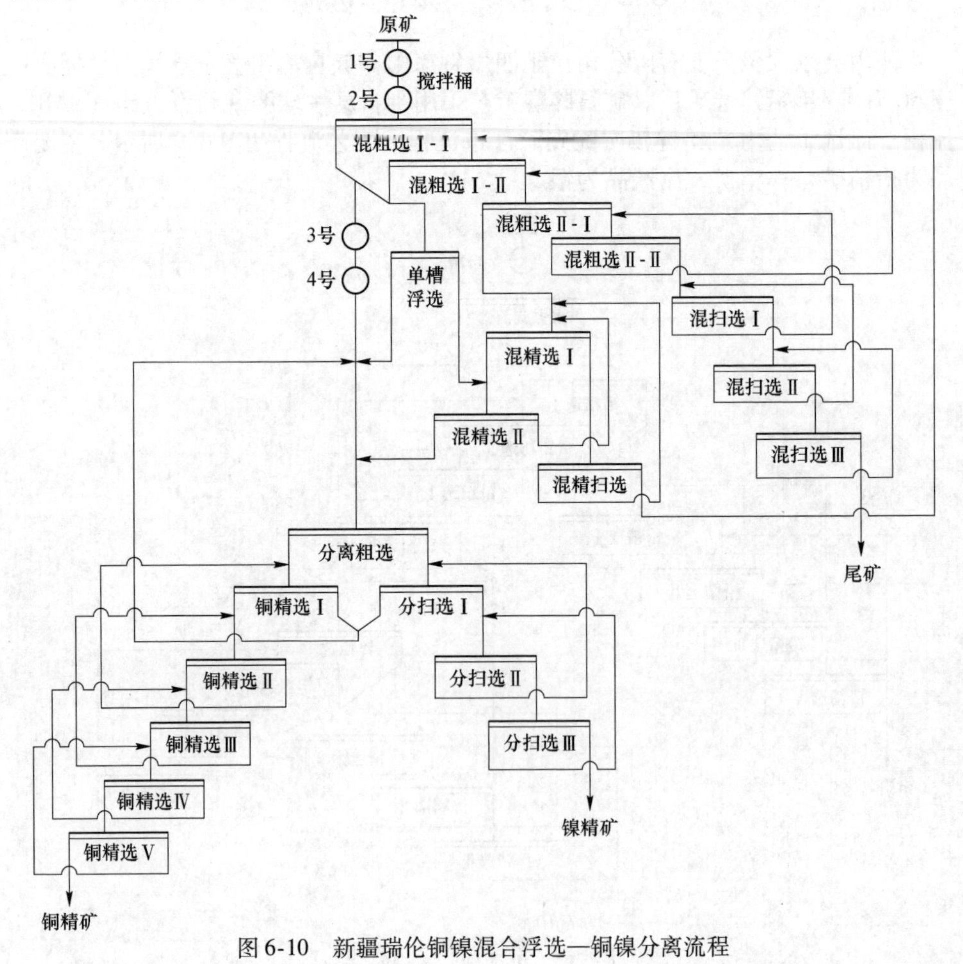

图6-10　新疆瑞伦铜镍混合浮选—铜镍分离流程

近年来，铜、镍入选原矿品位有所降低，闪石、辉石、云母等硅酸盐类脉石矿物含量增加，导致镍精矿中氧化镁含量超标，选矿指标相比之前有所降低。镍精矿扣款影响企业经济效益，甚至镍精矿中镁含量（质量分数）高于12%时，无法销售。为解决镍精矿含镁高的问题，开展了瑞伦矿业镍精矿降镁技术研究及应用。

针对以上问题，在试验研究的基础上对现场流程进行了优化并调整了药剂制度，即取消一段粗选作业将之改为中矿集中精选工艺进行镍的强回收，并增加空白精选作业，最终形成镍精矿含镁可控、尾矿可控的工艺流程，目前镍精矿品位可稳定在9.0%以上、镍精矿镁含量（质量分数）控制在10.0%以内，尾矿中镍品位控制在0.12%以内，解决了镍精矿含镁高的技术难题，同时提升了镍精矿含钴计价系数，技改流程如图6-11所示，年新增效益1269万元。

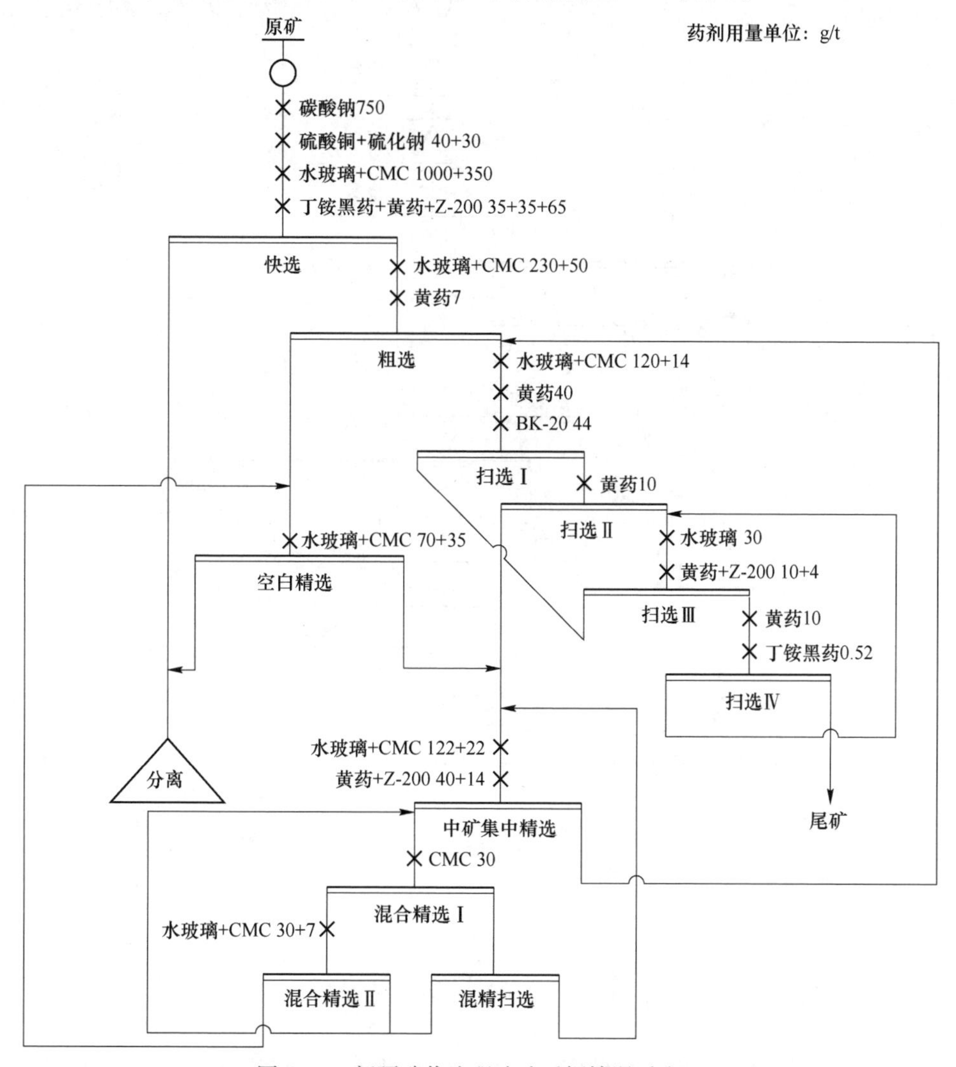

图6-11 新疆瑞伦流程改造后铜镍混浮流程

6.7　双利矿业铁选矿

内蒙古双利矿业有限公司位于内蒙古自治区巴彦淖尔市乌拉特后旗青山工业园区，拥有一座135万吨/年的铁选厂，采出矿石由汽车运输至破碎筛分干选车间，经破碎、筛分、干选抛废后，通过汽车分别运输到选矿厂，选矿工艺为“阶段磨矿—阶段选别”流程，如图6-12所示。产品为铁精矿。

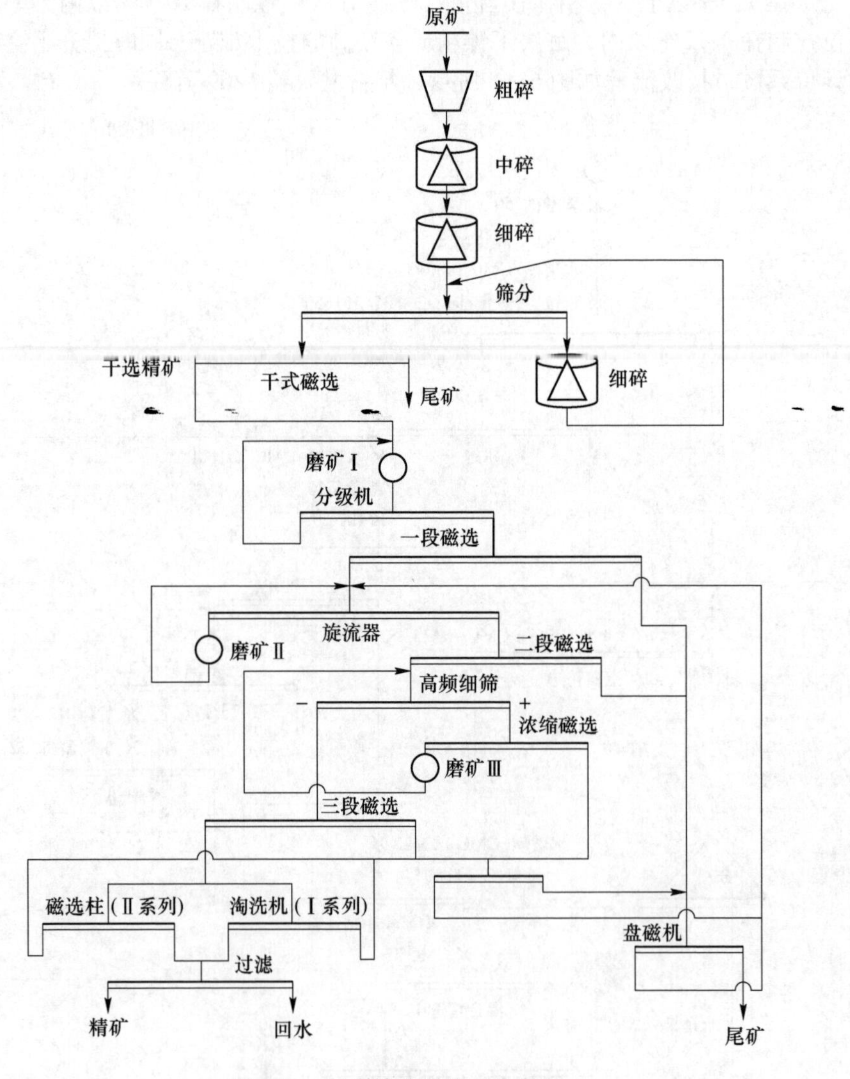

图6-12　双利铁矿选矿工艺流程

西部铜业铜多金属矿一号矿床铁矿石性质与邻近二号矿床铁矿石（双利铁矿）

性质基本相同，均属较易选矿石，阶段磨矿—磁选工艺同样适用于开发利用该区铁矿石。但由于该区铁矿石含硫（磁黄铁矿和黄铁矿）更高，且磁黄铁矿占比更高，因磁黄铁矿既是含硫矿物又是磁性铁矿物，对铁精矿品质将造成较大影响。

针对以上问题，本着磁性铁损失最小、生产成本最低的原则，结合常规铁矿选矿工艺，采用“先磁后浮”工艺和“先浮后磁”工艺开展了详细的试验研究。最终推荐采用较优的“先磁后浮”联合工艺处理该区铁矿石，工艺流程如图6-13所示。“先磁后浮”工艺通过三段磨矿磁选获得磁选精矿，磁选精矿经一粗一扫一精浮选工艺脱硫，在原矿TFe品位43.63%、MFe品位23.57%、硫品位3.08%的条件下，获得铁精矿产率为35.26%，TFe品位64.97%、MFe品位57.80%、硫品位0.49%，TFe综合回收率52.51%、MFe综合回收率86.47%的铁精矿选别指标，铁精矿可直接销售；获得硫精矿（高硫铁精矿）产率为6.74%，TFe品位59.67%、MFe品位41.59%、硫品位17.95%的硫精矿选别指标。该工艺的研发可为双利铁矿技改提供理论依据。

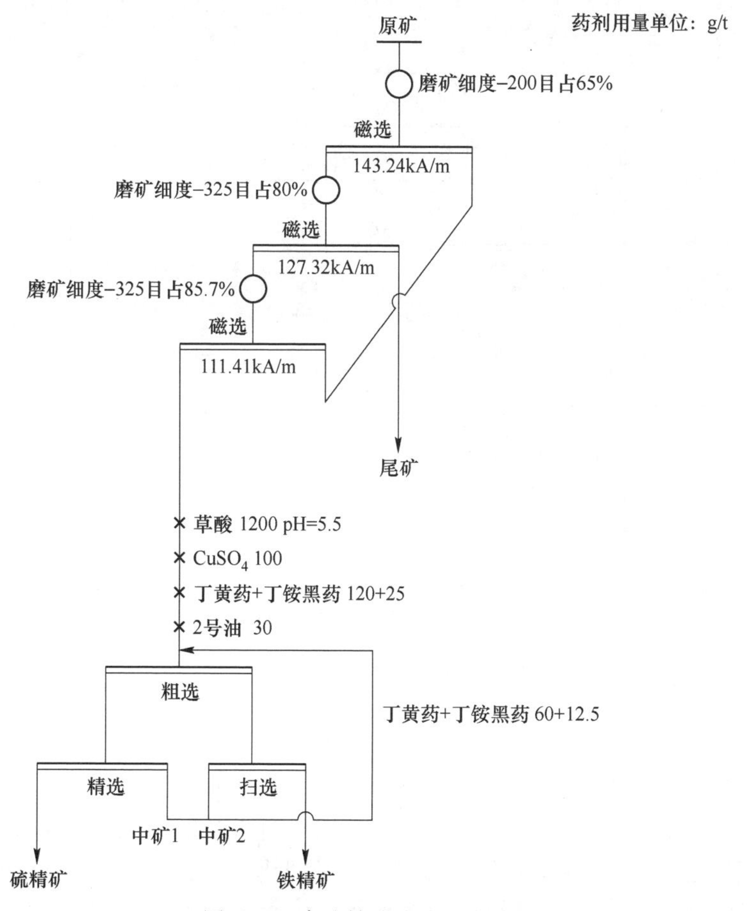

图6-13 高硫铁矿选矿工艺流程

6.8　肃北博伦铁选矿

肃北县博伦矿业开发有限责任公司位于甘肃省酒泉市肃北蒙古族自治县，拥有一座300万吨/年铁选厂，年产铁精粉87万吨。选矿工艺为“三段阶磨—三段弱磁（磁重）阶选”流程，如图6-14所示。

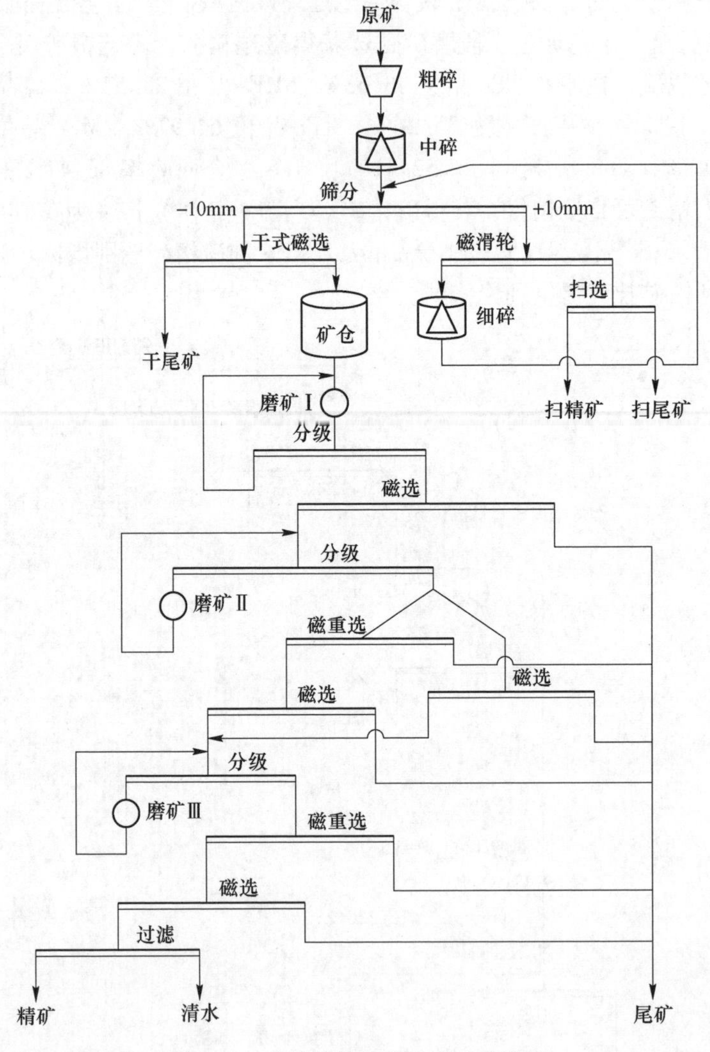

图6-14　肃北博伦铁矿选矿工艺流程

肃北博伦铁矿嵌布粒度细，最终磨矿细度为-320目（-0.047mm）占96%以上时，才能获得合格铁精矿，磨矿能耗高，因此磨矿工艺参数的优化至关重要。现场通过以下改进措施提高磨矿效率，降低磨矿能耗。（1）更换磨矿介质，降低磨耗。将磨矿介质从铸球更换为锻球，钢球磨耗从1.18kg/t降至0.8kg/t。

(2) 通过试验确定每段磨机合适的钢球充填率（一段为43%~45%、二段和三段均为38%），在保证磨矿效果的同时保证入磨矿量。(3) 通过级配加球，保证磨矿效果，并通过现场不断优化磨矿浓度，提高磨矿效果。一段磨矿处理能力从 1.2t/(m^3 · h) 提高至1.4t/(m^3 · h)，二段磨矿处理能力从0.5t/(m^3 · h) 提高至0.8t/(m^3 · h)，三段磨矿处理能力从0.27t/(m^3 · h) 提高至0.4t/(m^3 · h)。

6.9 哈密博伦铁选矿

哈密博伦矿业有限责任公司位于新疆维吾尔自治区哈密地区，现生产规模为铁矿石 180 万吨/年、铁精粉 40 万吨/年。选别工艺为阶段磨矿—阶段选别工艺流程，如图 6-15 所示。主要产品为铁精粉。

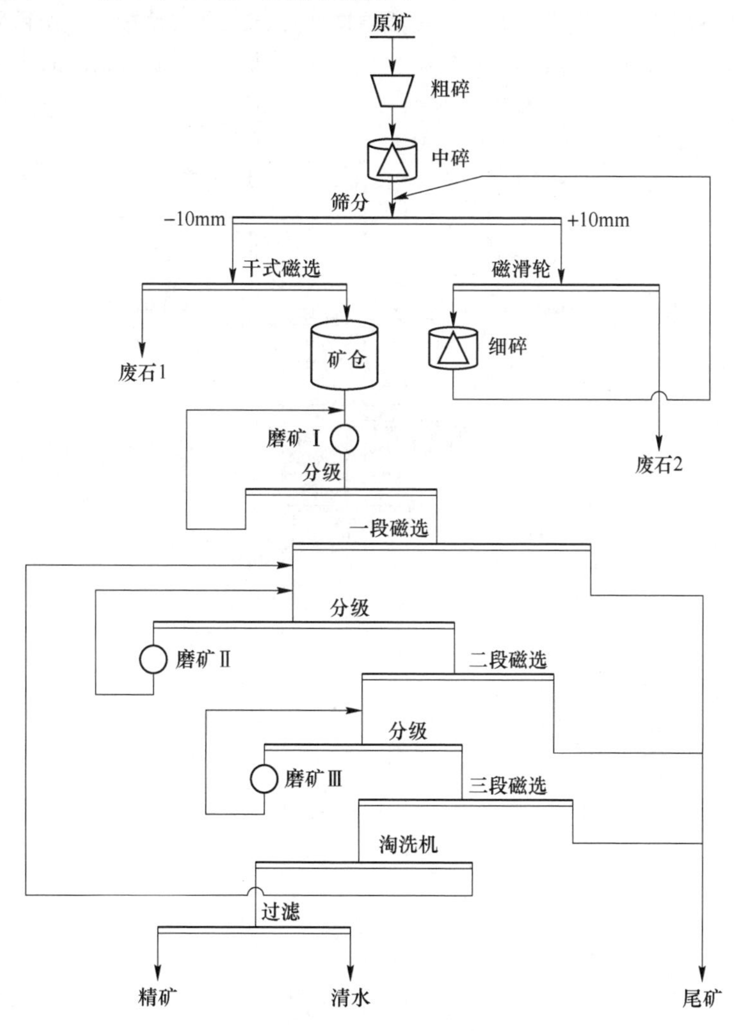

图 6-15 哈密博伦铁矿选矿工艺流程

哈密博伦铁矿石嵌布粒度细，三段磨矿细度为 -400 目（-0.0374mm）占 96% 以上，旋流器溢流浓度较小，造成矿浆量变大，在磁选过程中由于流速较大造成一些细粒级的铁精矿没有及时得到回收。针对此问题，现场安装了尾矿打捞机，尾矿磁性铁品位由 4.00% 降至 1.50% 左右。

6.10　鸿丰伟业铁铜选矿

青海鸿丰伟业矿产投资有限公司所属铁多金属矿位于青海省格尔木市西约 200km 的拉陵高里河下游东侧，主要有铁铜矿、单一铁矿。选厂于 2021 年 8 月投料试车，目前生产稳定，现生产规模为 75 万吨/年，碎磨流程采用“三段一闭路碎矿、一段两次闭路磨矿分级”；选矿工艺为“铜浮选作业一粗、二扫、一精流程产出合格铜精矿，选铜尾矿经过三段磁选作业产出合格铁精矿，选铁尾矿即为最终尾矿”，其工艺流程如图 6-16 所示。主产品为铁、铜精矿，副产品为金、银。

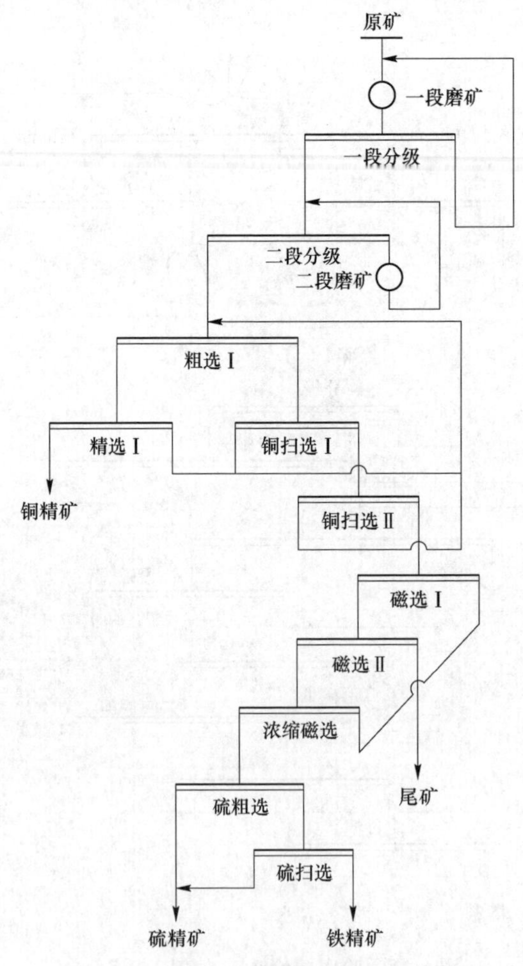

图 6-16　鸿丰伟业铁铜选厂浮选工艺流程

鸿丰伟业公司生产的矿石为典型多金属伴生矿石，可回收利用的有铁、铜及伴生金、银矿物，矿石性质复杂多变，氧化率和次生率高，现有工艺流程获得的铁精矿硫含量（质量分数）大于1%，铁精矿销售困难。针对此问题，开展了鸿丰伟业高硫铁矿降硫试验及工业应用项目研究。

通过试验研究及工业应用，采用草酸、硫酸铜作调整剂，丁基黄药+丁铵黑药作捕收剂，2号油作起泡剂进行浮选脱硫作业，最终脱硫铁精矿全铁品位大于61.5%、硫含量（质量分数）低于0.8%，达到合格铁精矿销售标准，年新增效益2490万元。

6.11　青海铜业铜渣选矿

青海铜业有限责任公司位于青海省西宁甘河工业园区，年产阴极铜15万吨，硫酸44万吨及金、银、铂、钯、硒等，工艺采用我国自主研发的富氧底吹熔炼——底吹吹炼连吹技术。铜熔炼渣通过选矿进行回收，工艺流程如图6-17所示。

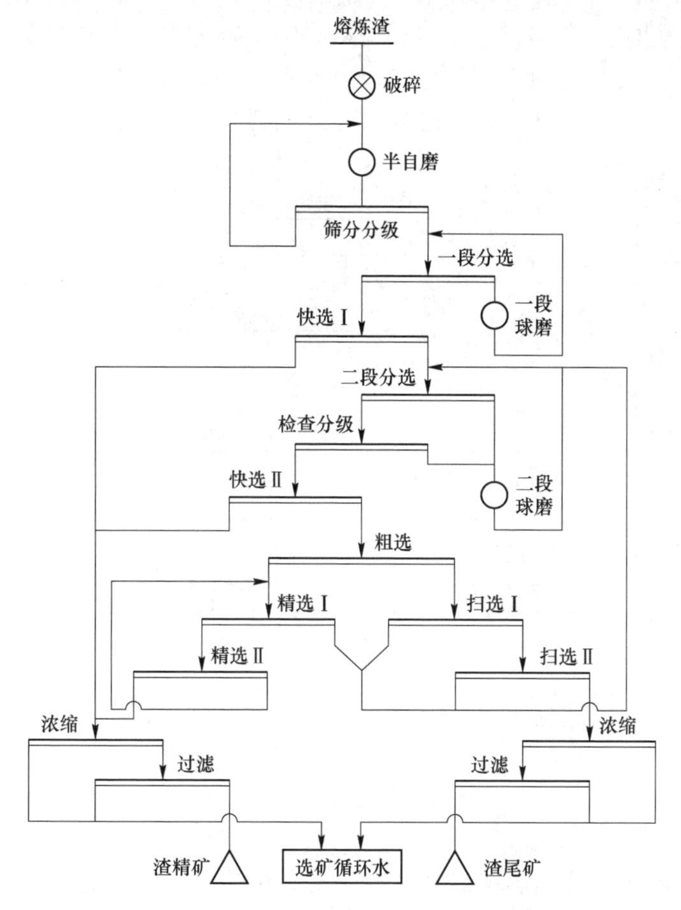

图6-17　青海铜业铜渣选厂选矿工艺流程

选铜尾渣外售给水泥厂作为配料使用，青海地区水泥销量有限，尤其进入冬季后，尾渣销售困难，尾渣库容有限将会在很大程度上影响青海铜业的正常生产。同时，尾渣中含有相当数量的铁、铜等有价组分，未对其进行回收更是对资源的严重浪费。随着国家环保要求的提高，大量尾渣的长期堆存成为限制企业可持续发展的瓶颈，亟须使尾渣实现资源化利用或使其减量。通过开展青海铜业尾渣提铁降铜技术研究，闭路试验尾渣铜含量（质量分数）由 0.30% 降至 0.20%，铁精矿产率为 45.00%，铁精矿 TFe 品位大于 56.00%，每年可产铁精矿 14 万吨以上，减少尾渣产量 14 万吨以上。

6.12　青海湘和硫渣选矿

青海湘和有色金属有限责任公司位于青海省西宁甘河工业园区，锌冶炼以硫化锌精矿为原料采用氧压浸出技术生产电解锌产品，副产品有铜铅渣、镉锭、硫黄等。氧压浸出渣进行硫浮选后得到硫精矿和浮硫尾矿，工艺流程如图 6-18 所示。硫浮选回收系统经过多年的生产调试和优化，基本稳定了硫浮选工序，使硫浮选尾矿渣的硫品位逐步降低，已从 30% 降低到 13% 左右。

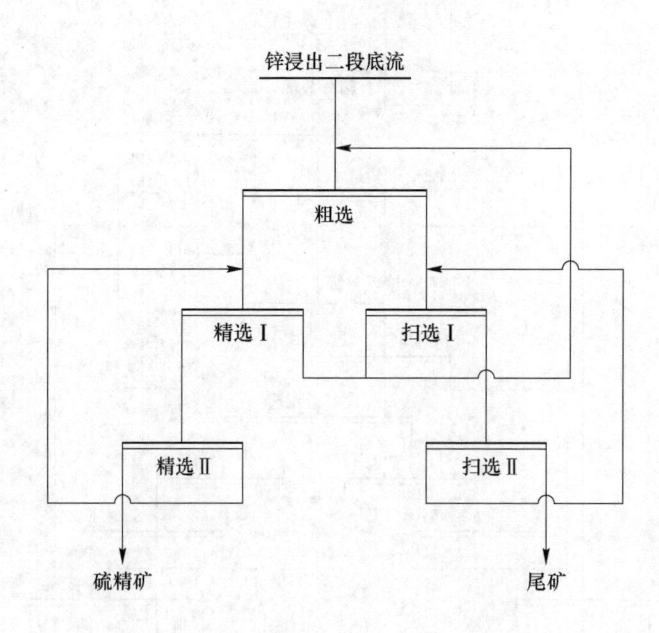

图 6-18　湘和硫浮选工艺流程

经研究发现，在浮选尾矿渣中含有一定量的粗粒级硫，为了进一步降低尾渣中硫含量，可以采用高频振动筛回收浮硫尾矿中的粗粒级硫，工艺流程如图 6-19

所示，尾渣硫含量降至10.0%以下，每年可多产生硫黄约2000t，减少尾矿渣产量2000t。

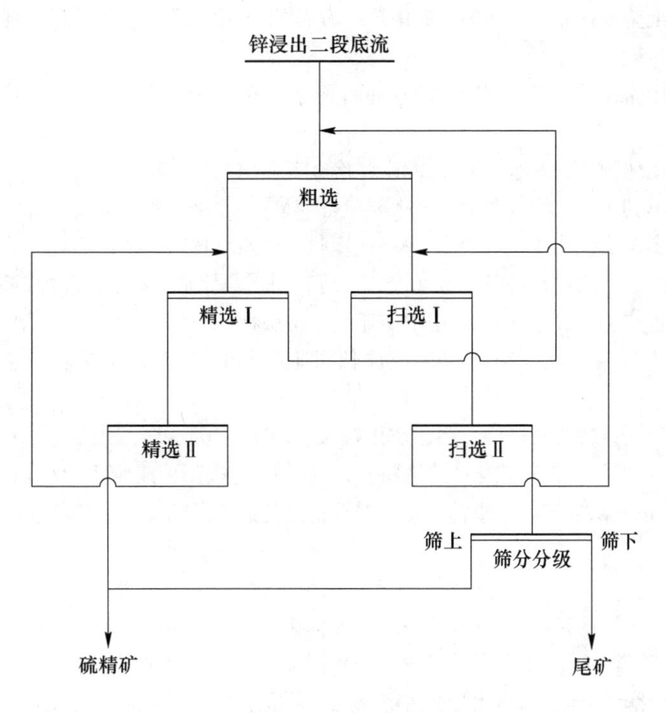

图6-19　湘和硫浮选优化工艺流程

参 考 文 献

[1] 杨采文，毛莹博，邓久帅，等．矿山磨矿设备的应用及研究进展［J］．现代矿业，2015（7）：4.

[2] 肖庆飞，段希祥．磨矿过程中应注意的问题分析及对策研讨［J］．矿产综合利用，2006（4）：4.

[3] 魏德洲．固体物料分选学［M］．北京：冶金工业出版社，2000.

[4] 胡岳华，冯其明．矿物资源加工技术与设备［M］．北京：科学出版社，2006.

[5] 陈家模．多金属硫化矿浮选分离［M］．贵阳：贵州科技出版社，2001.

[6] 本书编委会．中国选矿设备手册（上、下册）［M］．北京：科学出版社，2006.

[7] 谢广元．选矿学［M］．徐州：中国矿业大学出版社，2016.

[8] 罗仙平．难选铅锌硫化矿电位调控浮选机理与应用［M］．北京：冶金工业出版社，2010.

[9] 赵昱东．浮选设备的新进展［J］．矿山机械，2010（16）：5.

[10] 黄和平．不同粒级铅锌硫化矿浮选特性研究［D］．赣州：江西理工大学，2018.

[11] 陈代雄，田松鹤．复杂铜铅锌硫化矿浮选新工艺试验研究［J］．有色金属（选矿部分），2003（2）：1-5.

[12] 林国梁．矿石可选性研究［M］．北京：冶金工业出版社，1998.

[13] 张国刚．选矿过滤技术的发展［J］．中国机械，2014（18）：1.

[14] 丁启圣，王维一．新型实用过滤技术［M］．北京：冶金工业出版社，2011.

[15] 翟平．硫化矿浮选废水净化与回用的新工艺研究［D］．广州：广东工业大学，2004.

[16] 姜惠源．尾矿库的区域环境风险评价及防控策略研究［D］．郑州：郑州大学，2022.

[17] 彭再华，蒋素芳，叶从新，等．锡铁山铅锌矿尾矿废水净化回用研究［J］．湖南有色金属，2016，32（2）：62-64.

[18] 王朝．新疆某铜镍硫化矿高效降镁工艺研究［D］．西安：西安建筑科技大学，2020.

[19] 周华荣，许永伟，张慧婷，等．青海某硫化铅锌矿选矿工艺优化研究［J］．金属矿山，2019（7）：103-107.

[20] 周华荣，翁存建，朱贤文，等．从西藏某斑岩型硫化铜矿中综合回收铜金浮选新工艺［J］．有色金属工程，2019，9（11）：67-74.

[21] 黄和平，罗仙平，翁存建，等．四川会东某铅锌矿石选矿工艺优化研究［J］．金属矿山，2017（7）：5.

[22] 傅开彬，汤鹏成，秦天邦，等．四川某微细粒次生硫化铜矿浮选工艺研究［J］．矿冶工程，2018，38（6）：48-50，54.